辽河流域污染排放阈值地域性差异及影响

陶冶 高宇 周鑫 著

天 津

图书在版编目(CIP)数据

辽河流域污染排放阈值地域性差异及影响 / 陶冶,高宇,周鑫著. --天津：南开大学出版社,2025.6.
ISBN 978-7-310-06681-0

Ⅰ.X522.6

中国国家版本馆 CIP 数据核字第 20256JV360 号

版权所有　侵权必究

辽河流域污染排放阈值地域性差异及影响
LIAOHE LIUYU WURAN PAIFANG YUZHI DIYUXING CHAYI JI YINGXIANG

南开大学出版社出版发行
出版人：王　康
地址：天津市南开区卫津路 94 号　　邮政编码：300071
营销部电话：(022)23508339　　营销部传真：(022)23508542
https://nkup.nankai.edu.cn

天津午阳印刷股份有限公司印刷　全国各地新华书店经销
2025 年 6 月第 1 版　　2025 年 6 月第 1 次印刷
230×170 毫米　16 开本　8 印张　133 千字
定价:50.00 元

如遇图书印装质量问题,请与本社营销部联系调换,电话:(022)23508339

前　言

辽河，这条流淌在东北平原上的母亲河，孕育着丰饶的自然资源和深厚的文化精髓，承载着无数生灵的希望与梦想，同时也见证着这片土地的繁荣与变迁。然而，随着工业化和城市化的快速发展，辽河流域正遭受着严重的水污染问题。化学需氧量（COD）、氨氮、总磷等关键污染物的浓度不断攀升，水质恶化，生态系统受损，制约着流域的可持续发展，也引发了社会各界的深切关注和普遍忧虑。

本书以辽河流域为研究对象，旨在探讨区域差异化流域污染物特别排放限值的确定方法，为流域水污染防治提供坚实的技术支撑，并希望成为水污染治理工作的示范。

本书从流域水污染特征分析入手，全面剖析辽河流域的水系、水质状况、污染源等关键要素，揭示流域水污染的复杂性和多样性。通过对辽河流域水系、水文、水资源、水环境等数据的系统调查，分析流域水污染特征，并开展典型小流域试验，深入剖析了流域水污染的成因和规律，为制定针对性的治理策略提供依据。在此基础上，深入探讨控制单元区划与细化、水环境问题识别、排放限值分析等关键问题。基于水系、水质现状、行政区域等因素，将辽河流域划分为若干个控制单元，并对其进行细化，以便进行更精细化的管理，明确责任主体，提高治理效率。同时，书中深入分析了各控制单元的水环境问题，包括点源污染、面源污染和水质超标等问题，并探讨了其产生的原因，为制定具有针对性的治理措施提供了坚实的依据。

为了确保排放限值的科学性和合理性，本书依托辽河流域水环境系统模型，结合流域水质达标要求，制定了辽河流域"分区、分级、分类、分单元"的污染物排放限制方案。同时，本书还构建了流域污染物排放总量管理系统，能够实现对流域内污染源排放的实时监控和总量控制，为流域水环境管理提供了强有力的技术手段。

本书主要内容：

（1）以辽河流域作为典型流域，进行流域控制单元划分，研发辽河流域水环境模型，提出辽河流域"分区、分级、分类、分单元"的污染物排放限制控制方案。

（2）按照建立的辽河流域水环境模型和污染物排放限制控制方案的技术要求，进行了系统的调查，收集了关于流域水系、水工程、水文水资源、水环境等方面的详尽数据。针对辽河流域水污染特点，我们开展了流域入河排污口及河流水质水量的同步分析，并选择具有代表性的典型小流域开展试验，分析了流域点源及非点源排放与入河负荷变化特征，研究流域水污染特征时（不同水期）空（控制单元）分异状况，研究确定流域特征污染物河流水质过程参数；针对辽河流域水文水资源、水工程及水环境特点，我们研发了以流域污染负荷估算和水质响应为核心的辽河流域水环境系统模型。我们采用了流域实测数据和课题设计的水质水量专项试验实测数据，对模型参数开展率定和验证，为辽河流域污染物排放限制计算与分配奠定了坚实的基础。

（3）本书基于辽河流域水环境系统模型，针对辽河流域水系及水文水资源与水环境特点，在流域控制单元分区成果及流域—控制单元容量总量计算与分配技术体系基础上，研究适合多类污染源（点源、非点源）、多类不利水文条件和不同水质目标达标控制要求等情景下的水环境容量计算技术方法，研究提出辽河流域基于功能分区——入河排污口（支流口）——控制单元（或行政区）的容量限定技术方法；根据流域水质达标要求，在合理设计安全余量（MOS）基础上，制定了辽河流域"分区、分级、分类、分单元"的污染物排放限制方案。

（4）针对辽河保护区水质保护管理要求，并结合辽河保护区环境监管能力建设规划，本研究以流域水质模型为核心，构建了辽河干流主要入河排污口及支流口污染负荷总量管理能力。通过整合数据库技术、GIS技术和三维可视化技术，我们提出了流域污染物排放限值，形成污染物排放控制体系，并基本实现业务化运行。本研究还开展了基于区域差异的典型流域污染物特别排放限值的系统集成与示范工作。

最后本书将为生态环境管理工作、生态环境科研机构、高校等单位的管理者、科研人员、在校学生提供相应的支持，为辽河流域乃至其他流域的水污染防治提供重要的参考依据，助力流域水环境质量的改善和可持续发展，为子孙后代留下一条清澈的辽河。

本书由陶冶、高宇、周鑫、田博、王留锁、王赫、朱悦、李国玉、刘坤娇、李柏志等提出框架和撰写方案并完成各个章节初稿，然后进行逐章逐节数次修改、讨论、完善和最终统稿定稿。梁吉艳、高维春、王兴、吴阳、耿聪、孙振楠等参与部分章节编写、图表的整理完善，格式的修改等工作。

  本书所反映的研究工作虽然取得了一定的进展，但由于作者的知识和经验有限，加之相关研究尚处于起步阶段，书中难免出现疏漏和不足之处，殷切希望读者不吝批评指正。

2024 年 10 月

目 录

第一章 绪 论 ·· 1
 1.1 研究背景与意义 ··· 1
 1.2 国内外研究现状 ··· 3
 1.3 研究的主要内容 ··· 7
 1.4 解决的技术难点 ··· 8
 1.5 解决的关键技术 ··· 8
 1.6 解决的创新点 ·· 8
 1.7 研究技术路线图 ··· 8

第二章 辽河流域水污染特征分析 ·· 10
 2.1 流域水系概况 ·· 10
 2.2 流域水质特点及演变 ·· 10
  2.2.1 国控断面水质状况 ··· 12
  2.2.2 国控断面水质演变 ··· 12
  2.2.3 省控断面水质状况 ··· 18
  2.2.4 省控断面水质演变 ··· 19
  2.2.5 断面超标因子分析 ··· 22
 2.3 流域水环境治理发展历程 ·· 22

第三章 流域污染物管控单元区域划分与精细化 ·································· 24
 3.1 "水十条"控制单元细化 ·· 24
 3.2 控制单元概化 ·· 26
  3.2.1 辽河干流 ·· 26
  3.2.2 辽河支流 ·· 30
 3.3 控制单元细化要求 ··· 37
  3.3.1 单元控制要求 ·· 37
  3.3.2 细化原则 ·· 38
  3.3.3 细化方式 ·· 38
 3.4 控制单元类别划分 ··· 38
  3.4.1 核心控制单元 ·· 38

3.4.2　优先控制单元 …………………………………………… 40
　　3.4.3　一般控制单元 …………………………………………… 41
3.5　控制单元细化结果 ………………………………………………… 41
　　3.5.1　与行政区的衔接 …………………………………………… 41
　　3.5.2　与水功能区的衔接 ………………………………………… 43

第四章　水环境问题控制单元识别 ………………………………………… 48
4.1　辽河沈阳市马虎山控制单元 ……………………………………… 48
　　4.1.1　控制单元水质概况 ………………………………………… 48
　　4.1.2　水环境问题识别 …………………………………………… 50
4.2　招苏台河铁岭市控制单元 ………………………………………… 50
　　4.2.1　控制单元水质概况 ………………………………………… 50
　　4.2.2　水环境问题识别 …………………………………………… 53
4.3　绕阳河盘锦市控制单元 …………………………………………… 54
　　4.3.1　控制单元水质概况 ………………………………………… 54
　　4.3.2　水环境问题识别 …………………………………………… 56
4.4　辽河水系重点污染源识别 ………………………………………… 56
　　4.4.1　各类污染源排放情况及发展趋势分析 …………………… 56
　　4.4.2　点源排放现状分析 ………………………………………… 58
　　4.4.3　减排潜力分析 ……………………………………………… 61

第五章　基于水环境改善目标的排放限值分析 …………………………… 63
5.1　技术方法路线 ……………………………………………………… 63
5.2　数据收集 …………………………………………………………… 64
5.3　模型模块构建 ……………………………………………………… 65
　　5.3.1　NAM（降雨径流）模块 …………………………………… 65
　　5.3.2　HD（水动力）模块 ………………………………………… 66
　　5.3.3　AD（对流扩散）模块与 Ecolab 水质模块 ……………… 70
　　5.3.4　Ecolab 水质模块 …………………………………………… 70
5.4　优控单元排放限值分析 …………………………………………… 72
　　5.4.1　亮子河铁岭市控制单元 …………………………………… 72
　　5.4.2　沈阳马虎山控制单元 ……………………………………… 76
　　5.4.3　清河铁岭市清辽控制单元（73B） ………………………… 78

第六章　辽河水系污染物排放标准设定 …………………………………… 80
6.1　污染物控制项目选择 ……………………………………………… 80

6.2 排放限值确定 … 80
6.2.1 计算原理及方法 … 80
6.2.2 控制单元污染物水承载能力 … 81
6.2.3 控制单元主要污染物现状负荷 … 82
6.2.4 控制单元关键污染物水环境承载力 … 85
6.2.5 控制项目确定 … 87
6.2.6 控制要求 … 89

第七章 浑太水系污染物排放限制确定示范 … 94
7.1 污染负荷核算原则 … 94
7.1.1 点源负荷核算原则 … 94
7.1.2 非点源负荷核算原则 … 95
7.2 污染负荷核算方法 … 95
7.2.1 工业来源及污水处理设施污染负荷计算规程 … 95
7.2.2 畜禽养殖排放量计算规程 … 96
7.2.3 农村生活排放量计算规程 … 96
7.2.4 农田径流排放量计算规程 … 96
7.2.5 城市降雨径流排放量计算规程 … 97
7.2.6 非点源入河量计算规程 … 97
7.3 控制单元水体承载负荷 … 98
7.3.1 水环境容量计算分析方法 … 98
7.3.2 模型设计条件 … 100
7.3.3 边界设计条件 … 102
7.4 污染减排份额分配方案 … 102
7.5 排放限值确定 … 103
7.5.1 优控单元主要污染物水环境承载力 … 103
7.5.2 污水综合排放限值 … 106

参考文献 … 111

第一章 绪 论

1.1 研究背景与意义

辽河流域位于中国东北地区西南部,位于东经 116°54′至 125°32′,北纬 40°30′至 45°17′之间,是我国七大江河流域之一。辽河流域主要包含"西辽河—东辽河—辽河"(简称辽河水系)和"浑河—太子河—大辽河"(简称浑太流域)等两大独立水系,干流全长 2201 千米,总流域面积 21.96 万平方千米。水资源总量为 221.9 亿立方米,其中地表水资源量 137.2 亿立方米,可利用水资源总量 115.04 亿立方米。浑太流域上游水资源相对较丰富,西辽河水资源严重短缺。

根据《辽宁省环境状况公报》,2012 年底,辽河流域总体水质由重度污染好转为轻度污染,36 个干流断面稳定达到或好于Ⅳ类水质,54 条主要支流达到或好于Ⅴ类水质,率先摘掉"重污染帽子"。2013 年辽河流域水质同比明显改善,干流断面全年各月符合Ⅳ类水质标准,支流入河口断面符合Ⅴ类水质标准,全流域为轻度污染。化学需氧量、氨氮、总磷为主要超标因子。2014 年,受 63 年来最严重旱情等影响,与 2013 年相比,水质状况出现反弹现象,全流域为轻度污染,36 个干流断面Ⅴ类和劣Ⅴ类各占 5.6%,支流河入河口断面Ⅴ类占 25.9%,劣Ⅴ类占 22.2%,主要污染因子为氨氮和总磷。2015 年,辽河流域全流域为中度污染,干、支流断面中Ⅴ类占 14.4%,劣Ⅴ类占 31.1%。2016 年,辽河流域水质总体由中度污染转变为轻度污染,36 个干流断面中Ⅴ类占 19.4%,劣Ⅴ类占 8.3%,主要污染指标为氨氮、总磷和五日生化需氧量。可见自 2014 年起,辽河流域水环境质量出现了反弹现象,且辽河流域为缺水区域,水资源分配极不平衡,同时伴随着经济结构的转型升级和人民生活水平的提高,水资源消耗量依然很大,环境保护与经济社会发展矛盾突出,产业结构仍不尽合理,水资源、水环境承载能力不足;河道生态水严重缺乏,农业农村面源污染仍未得到有效遏制;环境基础设施与监管措施尚不完备,流域水污染防治形势依然十分严峻。辽河流域水质变化趋势如图 1.1 所示。

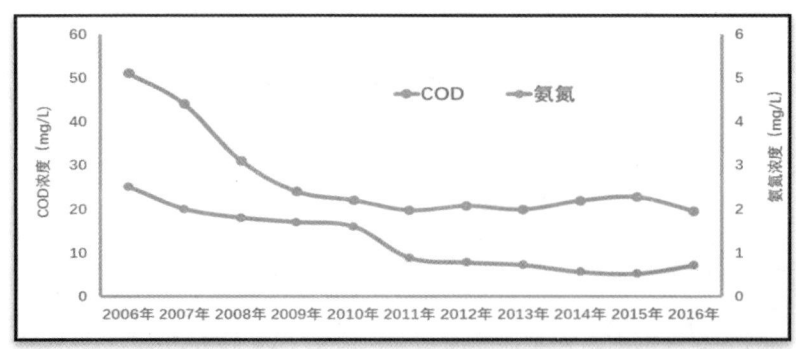

图 1.1 辽河流域水质变化趋势图

辽河流域辽宁地区城市群集中，重化工业发达。"十二五"期间着力构建"一核五带"，形成合理地布局、特色鲜明、资源要素优势充分发挥的区域分工体系。到 2015 年，地区生产总值年均增长 13%以上，城镇化率达到 75%，辽河干流水系和浑太流域将面临更大的水污染压力。流域点源尚未得到全面有效控制，面源污染的影响日益突出。2010 年辽河流域化学需氧量（COD）排放量为 92.74 万吨，其中农业源化学需氧量（COD）排放量占 44.4%；氨氮排放量为 7.54 万吨，农业源氨氮排放量占 18.5%。

作为本课题的典型流域，辽河流域集中体现了我国重化工业密集型老工业基地水体结构型、区域型污染特点，以及中小城镇集中、农村人口众多等生活污染的复合型污染特征。流域自 2008 年启动治理以来，河流水质得到明显改善，生态得到有效修复，取得了阶段性成果，但近几年水质出现反弹，流域支流污染严重。2018 年，28 条支流水质不达标，其中 25 条为劣Ⅴ类。

《辽宁省水污染物排放标准》（DB 21/1627-2008）编制迄今已 10 年有余，水污染物排放标准以技术经济评估为标准主要制定依据，定位于行业的准入门槛，主要反映污染防治技术水平要求，很难与特定流域的水环境质量改善目标相结合。水污染物特别排放限值没有明确针对的水域对象，不足以支撑流域水质达标和保护敏感目标。水环境管理已由污染物排放控制为主向环境质量目标管理转变，需要水污染物排放标准与水环境质量进一步衔接。

本课题研究在明晰各类污染源负荷基础上，按照"十三五"规划的水质达标要求，严格控制入河负荷总量，为统筹谋划各种污染源综合防治提供支持。符合"以水环境质量改善为核心'水十条'的总体要求"，符合"十三五"期间，结合排污许可、《大气十条》《水十条》《土十条》的实施等重点工作需求，国家全面推进各类标准的制修订工作的大形势。

1.2 国内外研究现状

（1）国内流域型水污染物排放限值的制修订

国内流域型水污染物排放限值的制修订工作正在广泛开展目前，已立项的国家环境质量标准有 10 项，污染物排放标准有 13 项（表 1.1、表 1.2）。一些先行省份已经陆续开展流域性排放限值的制修订工作，并针对特定流域制定了流域型排放标准（表 1.3）。

表 1.1 已立项国家环境质量标准修订及拟发布时间

序号	环境质量标准名称	已（拟）发布年份时间
1	地表水环境质量标准（修订 GB3838-2002）	2020
2	农田灌溉水质标准（修订 GB5084-2021）	2021
3	渔业水质标准（修订 GB11607-1989）	2020
4	海水水质标准（修订 GB3097-1997）	2020
5	河口水环境质量评价规范	2020
6	近岸海域生态环境质量评价技术导则（征求意见稿）	2015 年征求意见
7	机场周围环境噪声标准及测量方法（修订 GB9660-1988、GB9661-1988）	2015 年征求意见
8	乘用车内空气质量评价指南（修订 GB/T27630-2011）	2016 年征求意见
9	《土壤环境质量 农用地土壤污染风险管控标准（试行）》（GB 15618-2018）	2018 年 8 月 1 日起实施
10	《土壤环境质量 建设用地土壤污染风险管控标准（试行）》（GB36600-2018）	2018 年 8 月 1 日起实施

表 1.2　已立项国家污染物排放标准修订及发布时间

序号	污染物排放标准名称	已发布时间
1	软饮料工业污染物排放标准	2019
2	化妆品及香精、香料工业污染物排放标准	2020
3	食品添加剂工业污染物排放标准	2020
4	火电厂水污染物排放标准	2019
5	屠宰与肉类加工业污染物排放标准（修订 GB13457-1992）	1992
6	医疗机构水污染物排放标准（修订 GB18466-2005）	2019
7	城镇污水处理厂污染物排放标准（修订 GB18918-2002）	2015 年征求意见
8	污水综合排放标准（修订 GB8978-1996）	2020
9	海水淡化工程水污染物排放标准	2020
10	农药工业水污染物排放标准	2019
11	污水海洋处置工程污染控制标准（修订 GB18486-2001）	2019
12	酒类工业水污染物排放标准	2019
13	食品加工制造业水污染物排放标准	2019

表 1.3　地方省份已发布的流域性污染物排放标准

序号	省份	标准名称	标准编号
1	山东省	流域水污染物综合排放标准 第 5 部分：半岛流域	DB37/ 3416.5-2018
2	山东省	流域水污染物综合排放标准 第 4 部分：海河流域	DB37/ 3416.4-2018
3	山东省	流域水污染物综合排放标准 第 3 部分：小清河流域	DB37/ 3416.3-2018
4	山东省	流域水污染物综合排放标准 第 2 部分：沂沭河流域	DB37/ 3416.2-2018
5	山东省	流域水污染物综合排放标准 第 1 部分：南四湖东平湖流域	DB37 3416.1-2023
6	河南省	蟒沁河流域水污染物排放标准	DB41/776-2012
7	河南省	省辖海河流域水污染物排放标准	DB41/777-2013

续表

序号	省份	标准名称	标准编号
8	河南省	清潩河流域水污染物排放标准	DB41/790-2013
9	河南省	贾鲁河流域水污染物排放标准	DB41/908-2014
10	河南省	惠济河流域水污染物排放标准	DB41/918-2014
11	江苏省	太湖地区城镇污水处理厂及重点工业行业主要水污染物排放限值	DB32/1072-2018
12	广东省	汾江河流域水污染物排放标准	DB44/1366-2014
13	陕西省	汉丹江流域（陕西段）重点行业水污染物排放限值	DB62/941-2014
14	陕西省	黄河流域（陕西段）污水综合排放标准	DB61/224-2018

自 2006 年以来，山东省先后发布实施了《山东省南水北调沿线水污染物综合排放标准》《山东省小清河流域水污染物综合排放标准》《山东省海河流域水污染物综合排放标准》《山东省半岛流域水污染物综合排放标准》4 项流域水污染物综合排放标准，覆盖山东省全境。山东省污染物排放浓度采用质量标准反演法确定，即以达到流域水环境管理目标为着眼点，按照流域污染综合治理思路，以及国家最佳可行技术，共同制定水污染物排放标准限值（表1.4）。

表 1.4　山东省流域性污染物排放标准实施步骤

阶段	步骤	做法	目的
行业排放标准建设阶段	第一步（行业排放标准第一阶段）	象征性地加严标准限值	信息预告、使落后产能主动淘汰
行业排放标准建设阶段	第二步（行业排放标准第二阶段）	基于当时的先进生产力较大幅度地加严标准	引导企业突破高污染、高耗水瓶颈
行业标准向流域标准的过渡阶段	第三步	出台过渡期的流域排放标准	初步实现流域排放标准与行业排放标准的对接
流域综合排放标准建设阶段	第四步	取消行业排放特权	实现排放标准与水环境质量目标挂钩
流域综合排放标准修订阶段	第五步	全省水环境质量改善的阶段目标倒逼污染物排放限值	实现水环境质量改善的阶段目标

河南省自2012年以来，先后发布实施了海河、双洎河、蟒沁河、清潩河、贾鲁河、惠济河、涧河、洪河8项地方流域水污染物排放标准，流域性水污染物排放标准覆盖河南省流域面积的1/3。河南省遵循"合理规划"的原则，即总体上国家标准已经控制了90%以上的污染物排放，地方标准是为了拾遗补阙，要根据地方主导行业和地方环境管理要求，制定地方水污染物排放标准。"重点突出"即标准制定突出选取重点流域和重点行业开展工作，解决突出环境问题。"稳步推进"即河南省在流域排放标准制定中采取先小后大的原则，首先选取双洎河等较小流域开展编制工作，然后根据标准实施过程逐步完善制定较大流域排放标准，目前河南省已经出台的流域排放标准仅覆盖全省不足1/3的国土面积。

（2）国外流域性水污染物排放限值研究现状

国外水污染物排放标准主要是基于技术经济评估法的行业型排放标准为主。与水质目标相结合的工作，更多是体现在排污许可证的核发过程中。

美国，对于点源，在核发排污许可证时，除了根据排放标准确定基于技术的排放限值外，还要基于单一点源计算基于水质的排放限值，两者比较取其严，作为排污许可限值。但基于水质的排放限值并非标准，而是一事一议确定的，需要申请与核发排污许可证的人员具备相应能力。如果实施以上措施后，某个水体的水质仍然不达标，则需统筹考虑点源、面源，根据水环境质量改善需求，制定每日最大排放负荷要求，同时辅以经济等措施，推进水环境质量改善。

欧盟，基于最佳可行技术（BAT）参考文件给出了基于技术的排放控制水平，各国则以此为基础，结合本国的实际情况分别确定适用的排放限值。限值可以基于最佳可行技术（BAT）制定，以体现排放限值在经济和技术上的可行性；也可以通过质量标准反演法制定基于水质标准的排放限值，以体现环境优先的原则。这两种排放限值制定方法的均衡保证了经济与环境的协调发展，并实现了对环境的高水平、整体性保护。

奥地利、法国和德国根据最佳可行技术（BAT）按行业制定排放限值；比利时和意大利根据最佳可行技术（BAT）制定统一的排放限值；丹麦、英国和芬兰根据不同地区的水环境质量标准制定排放限值；而荷兰则综合考虑最佳可行技术（BAT）和水环境质量标准制定排放限值。

日本制定了与水质目标相衔接的标准。针对污染源相对集中、水质仍未达标的内湾、内海等封闭型水域，日本采取各个击破的策略，将污染控制重点放在少数污染物上，根据总量削减计划制定出指定地域内一定规模以上的工厂及企事业单位均应遵守的总量控制标准，取得了较好的水质改善效果。最突出的案例就是日本琵琶湖的治理和水质改善。

1.3 研究的主要内容

（1）以辽河流域作为典型流域，进行流域控制单元划分，研发辽河流域水环境模型，提出辽河流域"分区、分级、分类、分单元"的污染物排放限制控制方案。

（2）按照建立的辽河流域水环境模型和污染物排放限制控制方案的技术要求，系统调查流域水系、水工程、水文水资源、水环境等方面的数据；针对辽河流域水污染特点，开展流域入河排污口及河流水质水量同步分析，同时选择典型小流域开展试验，分析流域点源及非点源排放与入河负荷变化特征，研究流域水污染特征时（不同水期）空（控制单元）分异状况，研究确定流域特征污染物河流水质过程参数；针对辽河流域水文水资源、水工程及水环境特点，研发以流域污染负荷估算和水质响应为核心的辽河流域水环境系统模型；采用流域实测数据和课题设计水质水量专项试验实测数据，对模型参数开展率定和验证，为辽河流域污染物排放限制计算与分配奠定基础。

（3）依托辽河流域水环境系统模型，根据辽河流域水系及水文水资源与水环境特点，在流域控制单元分区成果及流域—控制单元容量总量计算与分配技术体系基础上，研究适合多类污染源（点源、非点源）、多类不利水文条件和不同水质目标达标控制要求等情景下的水环境容量计算技术方法，研究提出辽河流域基于功能分区—入河排污口（支流口）—控制单元（或行政区）的容量限定技术方法；根据流域水质达标要求，在合理设计安全余量（MOS）基础上，制定辽河流域"分区、分级、分类、分单元"的污染物排放限制方案。

（4）针对辽河保护区水质保护管理要求，结合辽河保护区环境监管能力建设规划，以流域水质模型为核心，形成辽河干流主要入河排污口及支流口污染负荷总量管理能力，依托数据库技术、地理信息系统（GIS）技术和三维可视化技术，提出流域污染物排放限值，形成污染物排放控制体系，并基本实现业务化运行。开展了基于区域差异的典型流域污染物特别排放限值的系统集成与示范工作。

1.4 解决的技术难点

多类型污染源环境识别与排放限值控制技术。

1.5 解决的关键技术

流域污染源环境识别技术；特征污染物容量总量计算模型技术；流域—控制单元的容量总量分配技术；污染负荷核算估算技术。

1.6 解决的创新点

基于区域差异化典型流域污染物特别排放限值的控制管理。

1.7 研究技术路线图

基于区域差异的典型流域污染物特别排放限值研究技术路线可从目标定位开始，明确研究内容，逐项分解为控制单元划分与问题识别、重点污染源识别、排放限值分析、技术经济论证等四部分研究任务，根据各研究任务具体提出研究方法。通过理论与实践相结合，室内管理平台与实际管理相结合实现课题研究成果的业务化运行与示范。具体技术路线见图1.2所示。

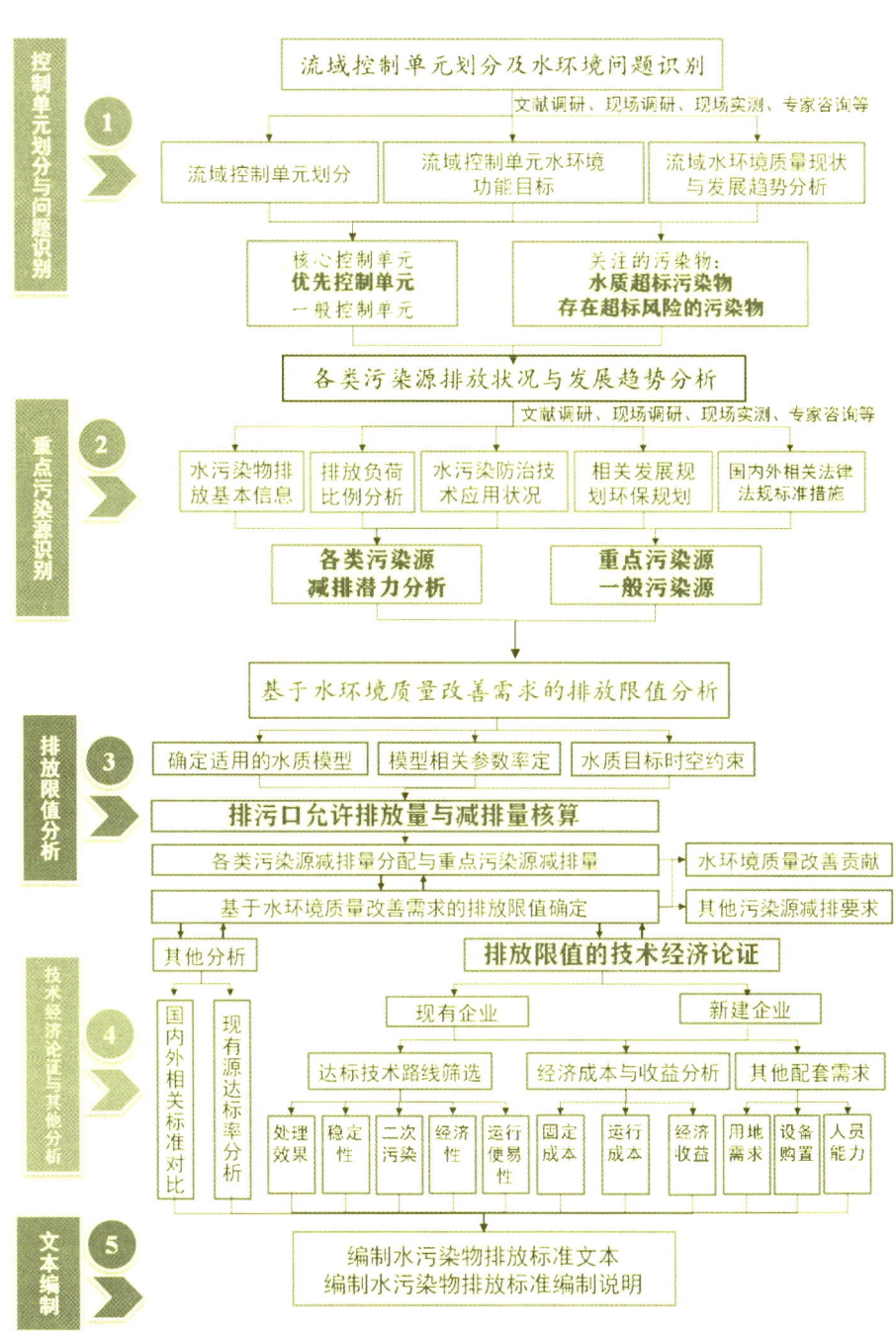

图 1.2 研究技术路线图

第二章 辽河流域水污染特征分析

2.1 流域水系概况

辽河流域是我国七大流域之一，流域面积 $22.11×10^4$ 平方千米。流域多年平均地表水资源量 137.21 亿立方米，多年平均地下水资源量 139.57 亿立方米，多年平均水资源总量 221.92 亿立方米。流经河北、内蒙古、吉林和辽宁 4 个省（区），流域包括辽河和大辽河两大水系，在辽宁省境内包括辽河干流、浑河、太子河及其支流。辽河发源于河北省七老图山脉光头山，流经内蒙古、吉林的西辽河和发源于吉林省萨哈岭的东辽河，在辽宁省昌图县福德店汇合而成，至辽宁省盘锦市盘山县注入渤海，全长 1383 千米，流域面积 $19.19×10^4$ 平方千米，是我国七大江河之一；大辽河地处辽河下游冲积平原，系指浑河、太子河汇合后由三岔河至营口入海口的河段，全长 97 千米，流域面积 $0.19×10^4$ 平方千米；浑河发源于辽宁省抚顺市清原县滚马岭，流经抚顺、沈阳、鞍山等市，全长 495 千米，流域面积 $2.83×10^4$ 平方千米；太子河是浑河支流，其上游有二源：北太子河源出新宾县南，南太子河源出本溪县东，在北甸附近汇合后，西流本溪市、辽阳市，至海城市三岔河附近注入大辽河，全长 363 千米，流域面积 $1.3×10^4$ 平方千米。辽河流域年均径流量 $126×10^8$ 立方米，人均水资源量为 535 立方米，水资源短缺。

2.2 流域水质特点及演变

系统梳理"十一五""十二五""十三五"期间辽河流域水环境质量变化趋势。以 2006—2016 年《中国环境状况公告报》、2017—2020 年《中国生态环境状况公报》数据，系统分析了辽河流域水质变化趋势。"十一五"期间，辽河流域劣Ⅴ类水质占比呈下降趋势，在 43%～24% 之间，Ⅰ～Ⅲ类水质占比呈上升趋势，在 35%～41% 之间，Ⅳ～Ⅴ类水质呈上升趋势，占比在 22%～35% 之间。"十二五"期间，Ⅳ～Ⅴ类水质占比突出，在 47%～61% 之间，劣Ⅴ类水质占比有反弹趋势，2011—2014 年占比在 12%～7% 之间，2015 年上升至22%，Ⅰ～Ⅲ类水质占比先上升后下降，2011～2014年占比在41%～42%之间，2015年下降至17%。"十三五"期间，Ⅰ～Ⅲ类水质占比大幅回升，在35%～63%之间，劣Ⅴ类水质小幅反弹后迅速下降，2016～2018年占比在18%～27%之间，2019～2010年在10%～0%之间，Ⅳ～Ⅴ类水质占比与"十一五"相近，在46%～37%之间（见图2.1—2.2）。

"十二五"至"十三五"期间，辽河干流、辽河支流Ⅳ～Ⅴ类水质占比较大，辽河支流劣Ⅴ类水质占比仅次于Ⅳ～Ⅴ类水质，污染较重。大辽河劣Ⅴ类水质占比变化不大，Ⅳ～Ⅴ类水质占比下降幅度较大，Ⅰ～Ⅲ类水质占比上升幅度较大。

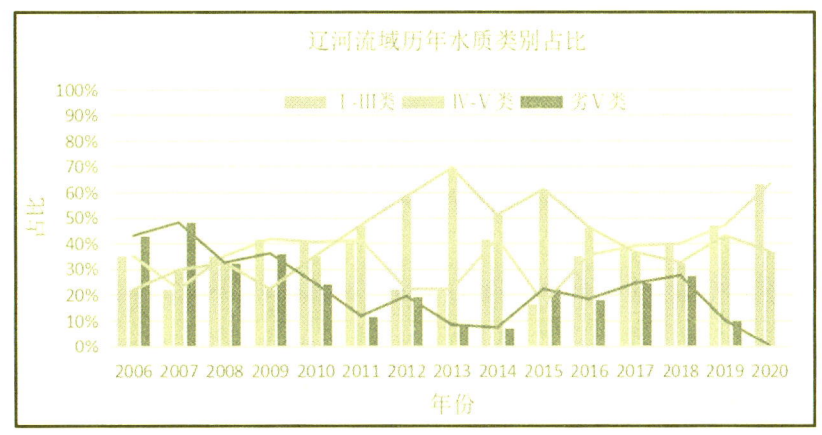

图2.1 "十一五"至"十三五"期间水环境质量变化趋势

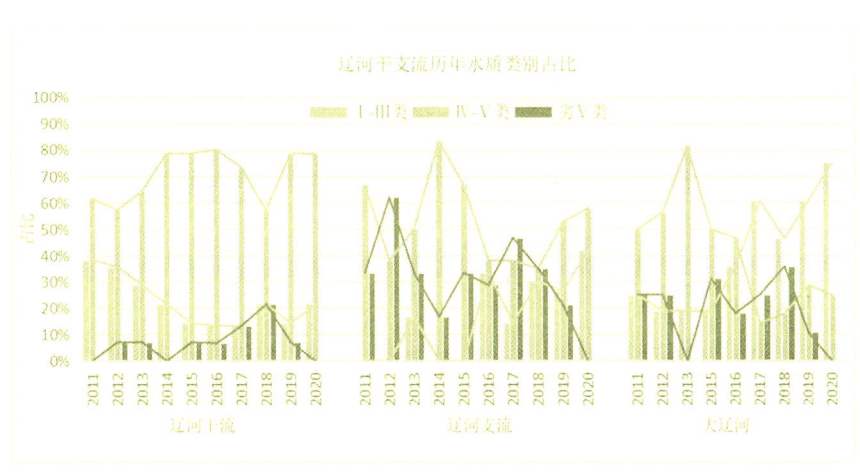

图2.2 "十一五"至"十三五"期间干支流水环境质量变化趋势

2.2.1 国控断面水质状况

2018年辽河水系21个国控断面，全指标考核断面达标率为52.38%。其中，铁岭三合屯断面目标水质为Ⅳ类，现状水质Ⅴ类，超标因子为氨氮（1.65mg/L）和总磷（0.33mg/L）。

盘锦兴安和曙光大桥断面目标水质为Ⅳ类，现状水质Ⅴ类，超标因子为化学需氧量（33mg/L）。

通江口断面目标水质为Ⅴ类，现状水质劣Ⅴ类，超标因子为氨氮（2.4mg/L）和总磷（0.52mg/L）。

清辽断面目标水质为Ⅳ类，现状水质劣Ⅴ类，超标因子为氨氮（2.4mg/L）。

亮子河入河口断面目标水质为Ⅴ类，现状水质劣Ⅴ类，超标因子为化学需氧量（44mg/L），氨氮（4.8mg/L），生化需氧量（13mg/L）和总磷（6mg/L）。

松树水文站断面目标水质为Ⅲ类，现状水质Ⅳ类，超标因子为生化需氧量（4.4mg/L），氨氮（1.4mg/L）和总磷（0.21mg/L）。

胜利塘断面目标水质为Ⅳ类，现状水质Ⅴ类，超标因子为化学需氧量（33mg/L）。

柳河桥断面目标水质为Ⅳ类，现状水质劣Ⅴ类，超标因子为化学需氧量（39mg/L），氨氮（10.2mg/L），总磷（1.62mg/L）。

2.2.2 国控断面水质演变

（1）辽河干流断面水质趋势分析

2015—2017年辽河干流水质呈逐年转好的趋势。化学需氧量三合屯断面在2015年丰水期、平水期和2017年平水期超标3%~6%，其余断面在各个水期均无超标现象。氨氮的断面超标情况均发生在枯水期，2015和2017年断面超标百分比为25%，2016年超标断面占比为50%。2016年枯水期，巨流河大桥断面超标达237%，盘锦兴安断面超标148%，曙光大桥和赵圈河断面分别超标123%和103%。干流断面生化需氧量达标情况逐年转好，2015年断面达标率83.3%，2016年87.5%，2017年断面达标率95.8%。辽河干流各个水期总磷监测结果均不超标。总氮监测结果看，在有监测数据的年份和水期，仅三合屯断面2015年枯水期总氮达标外，其余断面各水期均超标（图2.3—图2.7）。

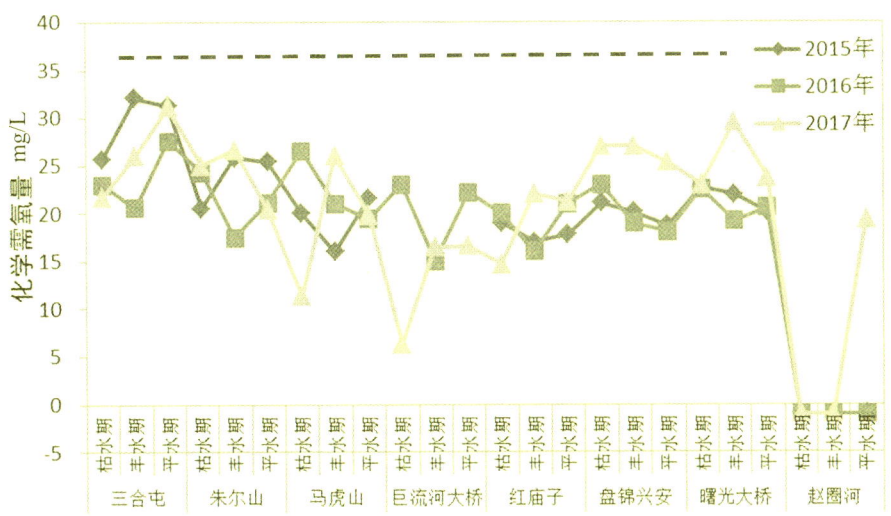

图 2.3 化学需氧量趋势分析

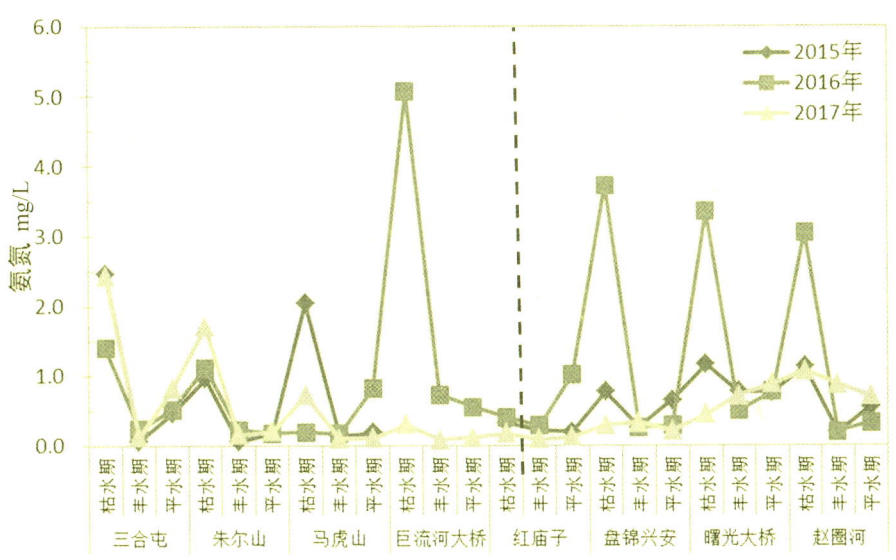

图 2.4 氨氮趋势分析

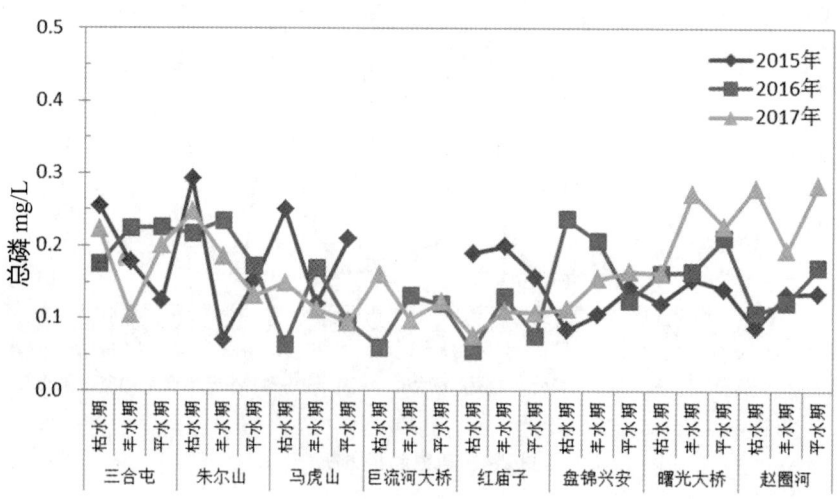

图 2.5　生化需氧量趋势分析

图 2.6　总磷趋势分析

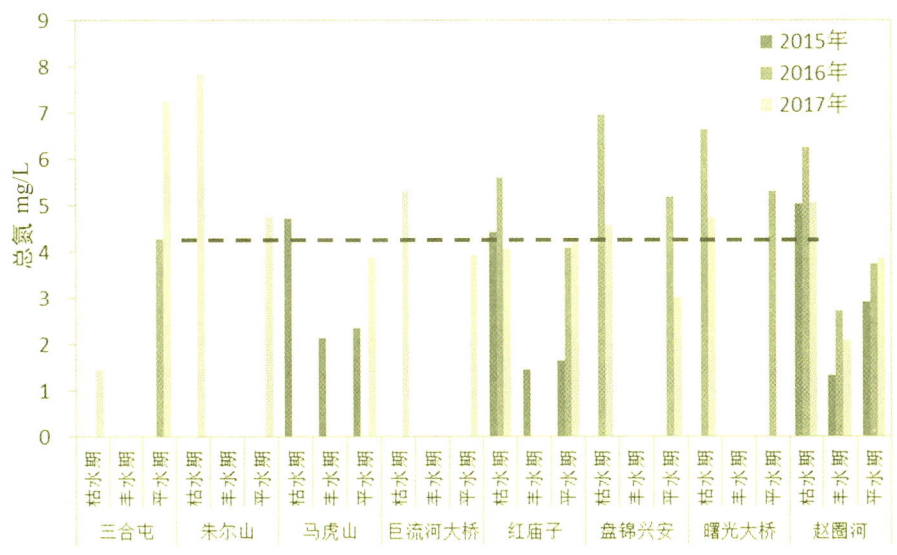

图 2.7　总氮趋势分析

（2）支流断面水质趋势分析

2015—2017 年辽河支流水质呈逐年转好的趋势。各断面化学需氧量呈下降趋势，其中，通江口、清辽、东大桥、柴河水库入库口、凡河一号桥、拉马桥和柳河桥断面，2015—2017 年各水期均无超标现象。亮子河入河口断面化学需氧量（COD）浓度逐年降低，枯水期超标现象明显，平水期除 2015 年超标外，2016—2017 年已经达标。松树水文站断面个别水期有超标现象，2015 年枯水期、2017 年监测的三个水期均超标，超标率为 5%～15%。胜利塘断面 2017 年平水期和柳家桥断面 2015 年丰水期和 2017 年枯水期有超标现象，超标率为 3.3%～16.7%。沟帮子镇断面在 2015 年平水期化学需氧量（COD）严重超标，超标率为 213%（图 2.8）。

辽河支流断面中氨氮的超标情况逐年转好，2015 和 2016 年 10.3%的断面超标，2017 年超标断面降低到 7.7%。断面水量对氨氮浓度影响较大，超标现象大多发生在枯水期。通江口断面 2015—2017 年枯水期，氨氮浓度有所升高，超标率为 28%～198.5%。亮子河入河口断面氨氮枯水期超标达 113%～415%，平水期超标达 8.5%～61.5%。松树水文站断面，2015—2017 年枯水期超标达 10.5%～55%。柳河桥断面除 2016 年枯水期有超标现象外，其余水期氨氮均达标。沟帮子镇断面除 2015 年平水期氨氮浓度达 20.5 mg/L 外，其余氨氮浓度均达标（图 2.9）。

辽河支流断面生化需氧量达标情况逐年转好，亮子河入河口、拉马桥和沟帮子镇的个别水期有超标现象外，其他断面均达标（图 14）。支流各断面总磷浓度超标较严重，除清河水库入库口和清辽断面外其余断面均超标。总氮监测结果看，在有检测数据的年份和水期，断面各水期均超标（图 2.10—图 2.12）。

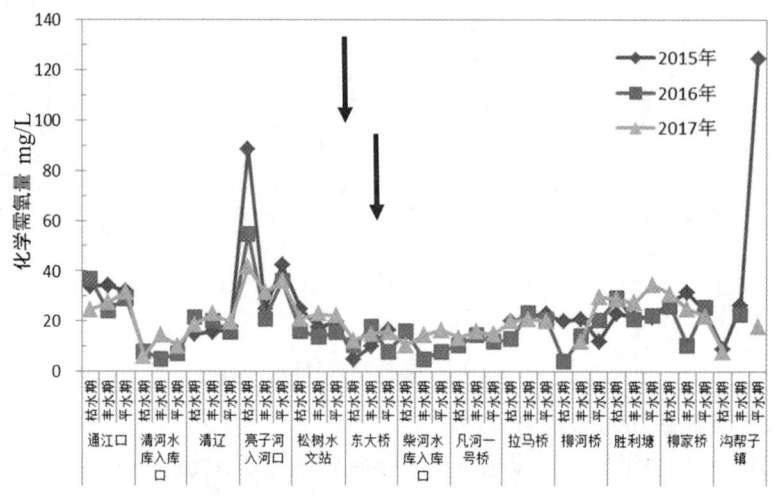

图 2.8　支流国控断面化学需氧量浓度

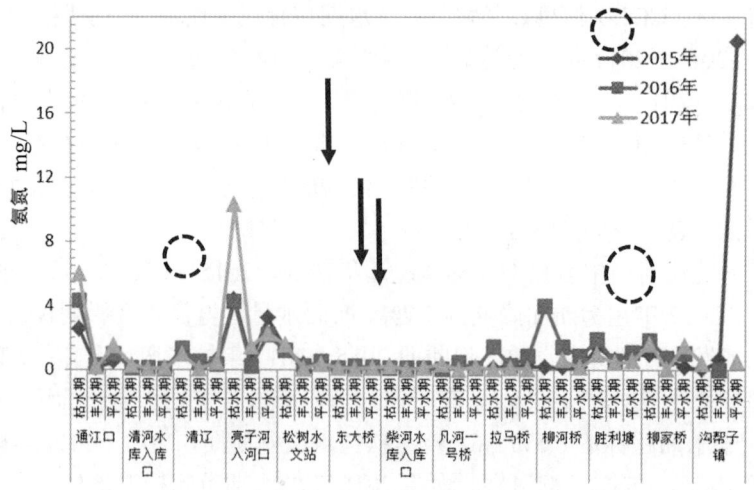

图 2.9　辽河支流国控断面氨氮浓度

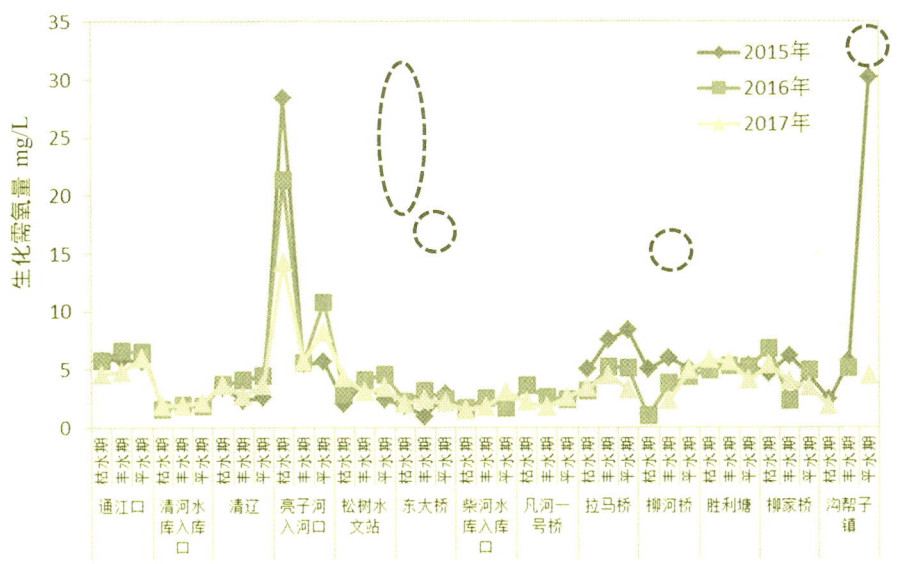

图 2.10　辽河支流国控断面生化需氧量浓度

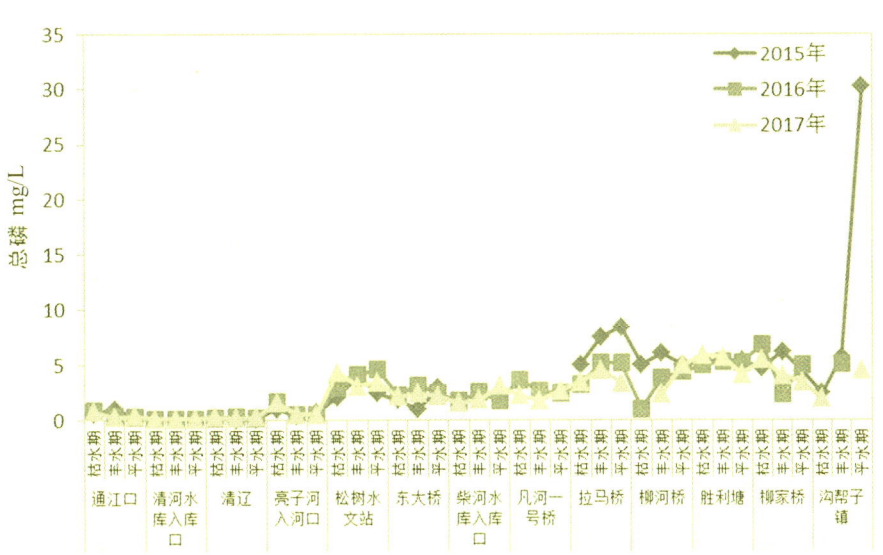

图 2.11　辽河支流国控断面总磷浓度

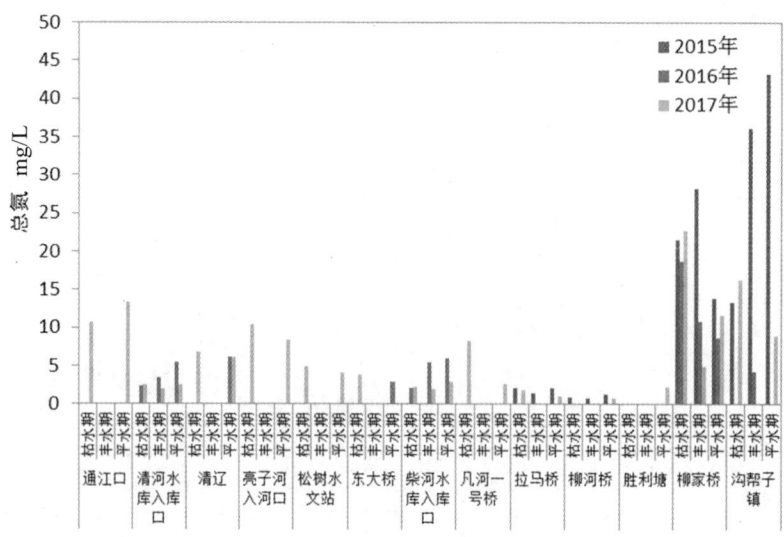

图 2.12 辽河支流国控断面总氮浓度

2.2.3 省控断面水质状况

辽河水系省控断面共 11 个，分别位于辽河中上游的 7 个控制单元中。2018 年省控断面劣 V 类水质占 45.5%，V 类水质占 27.3%，Ⅳ类水质占 27.2%（表 2.1）。

表 2.1 辽河水系省控断面

序号	控制单元	水体	控制断面	现状水质（2018年）	2020年水质目标
1	辽河铁岭市控制单元	长沟河	冯家窝棚	劣V	V
2	柳河沈阳市-阜新市控制单元	柳河	长坨子	Ⅳ	Ⅳ
3	辽河沈阳市三合屯控制单元	八家子河	八家子河入河口	V	V
4	亮子河铁岭市控制单元	亮子河	建设四社	劣V	V
5	辽河沈阳市马虎山控制单元	左小河	八间桥	V	Ⅳ
		万泉河	诸民屯桥	劣V	V
		长河	七星湿地	V	Ⅳ
6	辽河沈阳市巨流河大桥控制单元	秀水河	秀水桥	Ⅳ	Ⅳ
		养息牧河	养息牧门	Ⅳ	Ⅳ
		养息牧河	旧门桥	劣V	Ⅳ
7	清河铁岭市清辽控制单元	马仲河	门脸	劣V	V

2.2.4 省控断面水质演变

2015—2017 年辽河水系省控断面水质有所反弹。2015 年化学需氧量超标断面占比为 3.45%，超标率为 10%；2016 年超标断面占比为 18.5%，超标率为 7.5%～110%；2017 年超标断面占比为 10.3%，超标率为 12.5%～17.5%。化学需氧量超标均发生在枯水期和平水期。

2015 年氨氮超标断面占比为 20%，超标率为 18%～356%；2016 年超标断面占比为 25%，超标率为 16.5%～315.5%；2017 年超标断面占比为 23.3%，超标率为 65.5%～885%。各水期均存在氨氮超标现象。

2015 年生化需氧量超标断面占比为 6.67%，超标率为 20%～30%；2016 年超标断面占比为 3.45%，超标率为 52%；2017 年超标断面占比为 6.67%，超标率为 41%～97%。生化需氧量超标发生在枯水期和平水期。

2015 年总磷超标断面占比为 43.3%，超标率为 7.5%～2250%；2016 年超标断面占比为 42.9%，超标率为 22.5%～2375%；2017 年超标断面占比为 42.9%，超标率为 25%～950%。总氮监测数据不完整，但从已有数据来看，总氮污染形势不容乐观（图 2.13—2.17）。

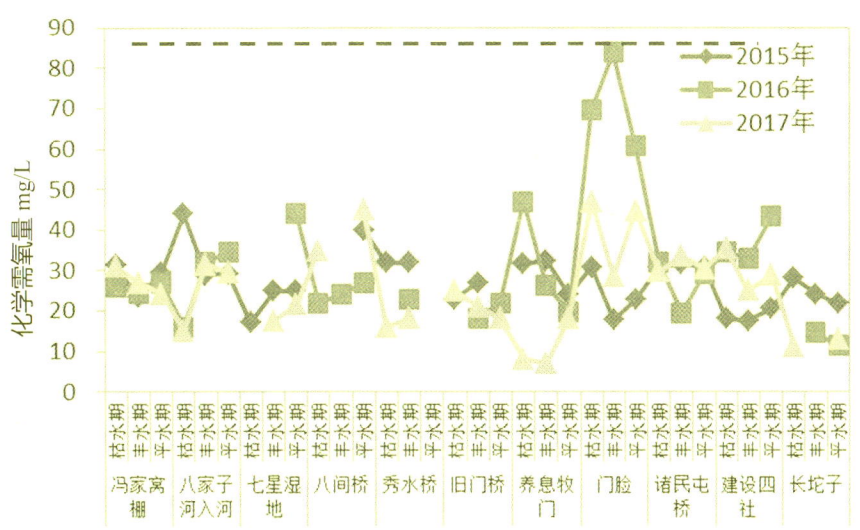

图 2.13　辽河省控断面化学需氧量浓度

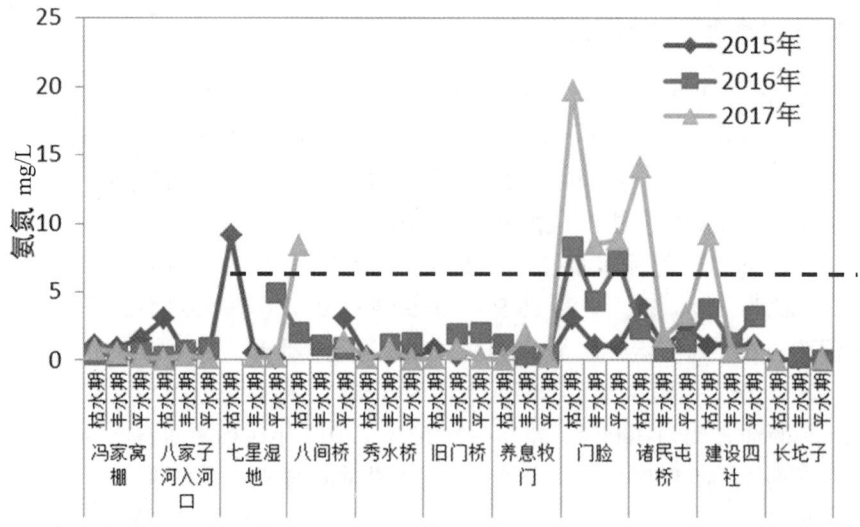

图 2.14　辽河省控断面氨氮浓度

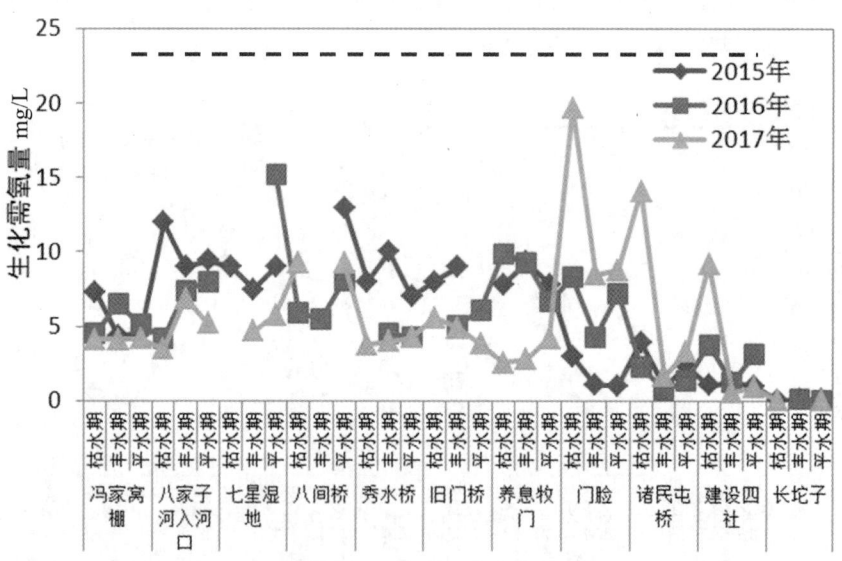

图 2.15　辽河省控断面生化需氧量浓度

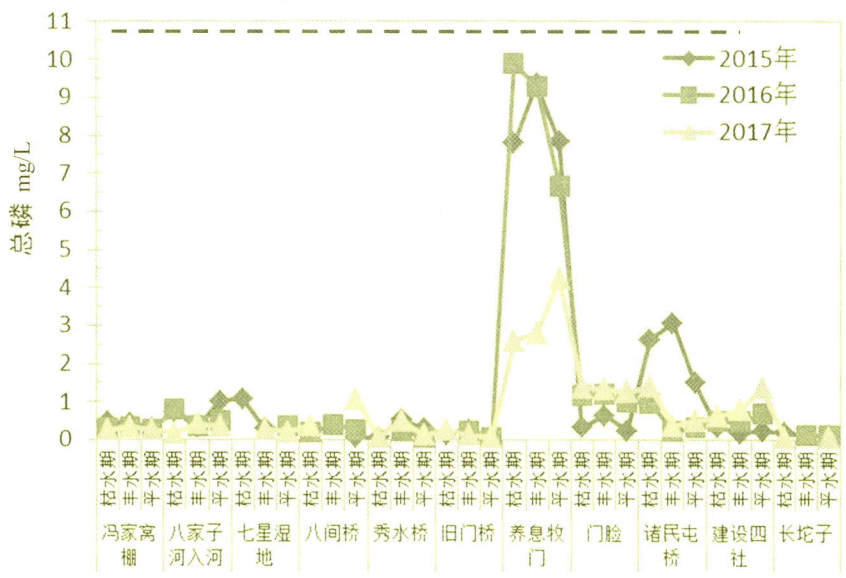

图 2.16　辽河省控断面总磷浓度

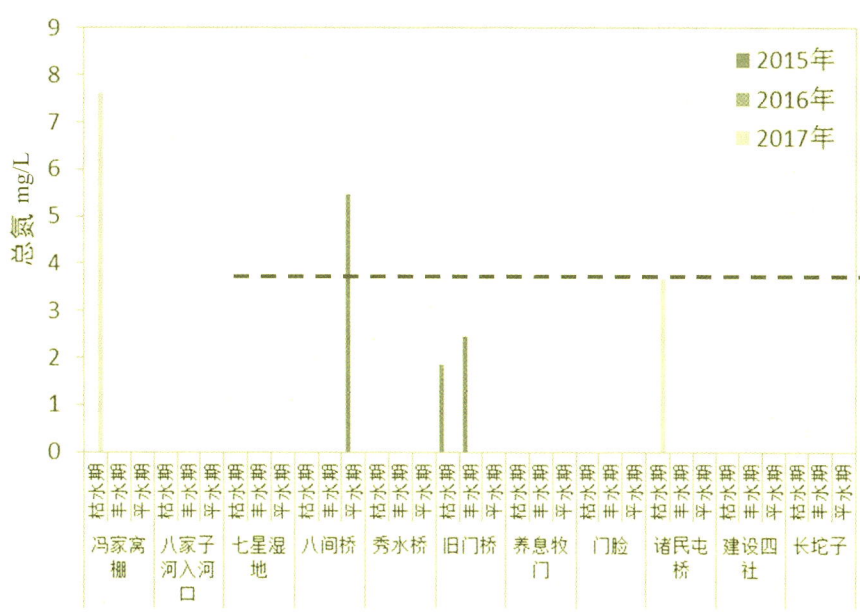

图 2.17　辽河省控断面总氮浓度

2.2.5 断面超标因子分析

基于对 2015—2018 年辽河水系监测断面超标因子的分析,辽河水系总氮成为主要超标因子,断面超标率约 35%;氨氮、总磷和生化需氧量的断面超标率分别为 12%、12% 和 11%;化学需氧量达标情况较好,断面超标率为 6%(图 2.18)。

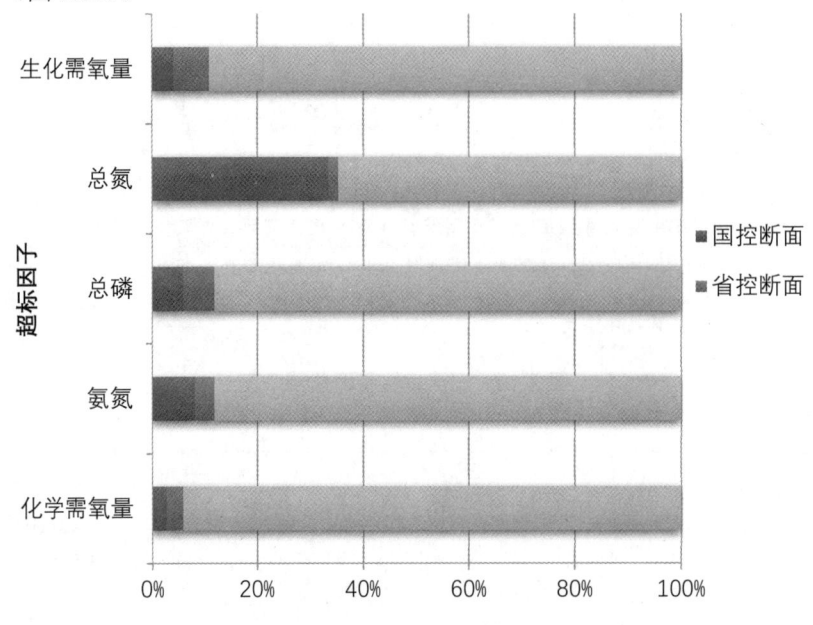

图 2.18 辽河水系断面超标因子百分比

2.3 流域水环境治理发展历程

基于"水十条"流域治理目标,系统梳理"十一五""十二五""十三五"期间已经开展的辽河流域水环境治理工作,分析已取得的治理成效与存在的不足。

"十一五"至"十三五"期间,辽河流域水质总体呈上升趋势,优良水质比例整体提升。"十一五"期间,辽河流域实施"三大战役"水环境治理工作,着力实施了重点污染企业整治、污水处理厂建设和生态治理三大工程。关闭了近 500 家没有达标排放的企业,集中建设 99 座污水处理厂,实施辽河流域生态化工程,设立辽河局。但大部分河段氨氮仍然超过 V 类水体标准,支流水体污染依然十分严重。"十二五"期间，继续加大《辽河治理行动计划》（简称"水十条"），辽河流域水环境治理不断深化，尽管中间年份劣Ⅴ类水质占比有些反弹，但优良水质占比整体提升，辽河流域干流由中度污染改善为轻度污染。力度，开展辽河治理攻坚战、开展"大浑太"治理歼灭战、开展流域生态文明建设总决战，建立"河长"制、"段长"制，辽河干流摘掉重污染流域帽子，辽河水质由重度污染改善为中度污染，但是，水环境质量不稳定，2015年水质出现反弹。

第三章 流域污染物管控单元区域划分与精细化

3.1 "水十条"控制单元细化

基于辽河流域"水十条"控制单元划分结果,结合"十三五"辽河流域水环境管理需求,突出水源地、重点污染支流河差异化、精细化管理,进一步细化"水十条"控制单元划分结果。

在辽河流域"水十条"划分 49 个控制单元基础上,将辽河流域控制单元修订细化为 70 个。其中,核心控制单元 30 个,优先控制单元 20 个,一般控制单元 20 个,涵盖沈阳、鞍山、本溪、抚顺、阜新、锦州、辽阳、盘锦、铁岭、营口 10 个地市。辽河水系控制单元共 32 个,核心控制单元 13 个,优先控制单元 11 个,一般控制单元 8 个。浑太水系控制单元共 38 个,核心控制单元 17 个,优先控制单元 9 个,一般控制单元 12 个,具体情况如表 3.1 所示。

表 3.1 基于流域"水十条""十四五"控制单元细化

"十四五"控制单元	"水十条"控制单元	变动依据
绕阳河盘锦市控制单元	19 个绕阳河盘锦市控制单元	根据行政边界范围、水源地划分
绕阳河锦州市控制单元		
绕阳河阜新市控制单元		
绕阳河盘锦市控制单元	18 个沙子河锦州市控制单元	因为时常断流,合并到绕阳河盘锦市控制单元
柳河沈阳市控制单元	22 个柳河沈阳市—阜新市控制单元	根据行政边界范围拆分
柳河阜新市控制单元		
辽河阜新市巨流河大桥控制单元	26 个辽河沈阳市巨流河大桥控制单元	
辽河沈阳市巨流河大桥控制单元		

续表

"十四五"控制单元	"水十条"控制单元	变动依据
南城子水库水源核心控制单元	73个清河铁岭市清辽控制单元	根据水源地拆分
清河水库水源核心控制单元		
清河铁岭市清辽控制单元		
诚信水库水源核心控制单元	76个寇河铁岭市控制单元	
寇河铁岭市控制单元		
清河铁岭市清河水库入库口控制单元	77个清河铁岭市清河水库入库口控制单元	根据行政边界范围划分
清河抚顺市清河水库入库口控制单元		
柴河铁岭市控制单元	72个柴河铁岭市东大桥控制单元	根据行政区范围及水库水源地划分
柴河水库水源核心控制单元		
柴河铁岭市柴河水库入库口控制单元	78个柴河铁岭市柴河水库入库口控制单元	
柴河抚顺市柴河水库入库口控制单元		
小孤家水库	79个清河清原段抚顺市控制单元	根据水库水源地划分单元、根据汇水区范围、剔除辉发河流域汇水范围
清原水厂渗渠		
浑河抚顺市北杂木控制单元		
细河沈阳市于台控制单元	29个浑河沈阳市于家房控制单元	根据国控断面细河独立成控制单元划分
浑河沈阳市于家房控制单元		
北沙河沈阳市控制单元	46个北沙河辽阳市控制单元	
北沙河辽阳市控制单元		
二道河辽阳市控制单元	43个二道河辽阳市控制单元	
汤河辽阳市汤河桥控制单元	44个汤河辽阳市汤河桥控制单元	
下达河辽阳市控制单元	58个下达河辽阳市控制单元	
汤河水库		

续表

"十四五"控制单元	"水十条"控制单元	变动依据
细河本溪市连山关水库控制单元	57个太子河辽阳市葠窝坝下控制单元	根据断面所在、汇水范围、水源地划分
细河本溪市邱家控制单元		
引细入汤输入工程细河取水水源		
兰河辽阳市控制单元		
太子河辽阳市葠窝坝下控制单元		
南天子河本溪市控制单元	66个南天子河本溪市控制单元	根据水库水源地划分
太子河抚顺市北太子河入观音阁水库口控制单元	67个太子河本溪市北太子河入观音阁水库口控制单元	
太子河本溪市北太子河观音阁水库控制单元		
苏子河抚顺市控制单元	80个苏子河抚顺市控制单元	根据水库水源地划分
红升水库		
其他控制断面	其他控制断面	根据汇水范围调整控制单元范围

注:"水十条"控制单元中数字对应下文图中数字。

3.2 控制单元概化

3.2.1 辽河干流

位于辽河水系干流上的控制单元共有8个,分别是辽河沈阳市三合屯控制单元、辽河铁岭市控制单元、辽河沈阳市马虎山控制单元、辽河沈阳市巨流河大桥控制单元、辽河沈阳市红庙子控制单元、辽河鞍山市控制单元、辽河盘锦市曙光大桥控制单元和辽河盘锦市赵圈河控制单元。辽河干流控制单元中的国控断面水质目标均为Ⅳ类。辽河干流控制单元细化如下:

(1) 辽河沈阳市三合屯控制单元

辽河沈阳市三合屯控制单元位于沈阳市康平县、法库县,东辽河、西辽河在福德店汇合成辽河干流，单元内水系丰富，有公河、八家子河、蚂螂河、东马莲河、西马莲河和卧龙湖、三台子水库等。三合屯断面是国控断面，目标水质为Ⅳ类。

（2）辽河铁岭市控制单元

东、西辽河在福德店汇合成辽河干流后，向南流经昌图县、康平县、法库县、开原市、铁岭市、沈阳市、新民市、辽中区、台安县、盘锦市、盘山县、大洼县等县市后，入渤海。辽河铁岭市控制单元为辽河干流经铁岭市铁岭县、昌图县和开原市河段，北起三合屯断面以下，南至朱尔山断面，分别纳入左侧支流亮子河、清河、南沙河、柴河、凡河和右侧的长沟子河等支流。朱尔山断面是国控断面，目标水质为Ⅳ类。图3.1 为辽河铁岭市水系示意图。

图3.1　辽河铁岭市水系示意图

（3）辽河沈阳市马虎山控制单元

该控制单元包括沈阳市法库县三面船镇、依牛堡子乡，沈阳市新民市陶家屯乡，铁岭市铁岭县阿吉镇、腰堡、新台子。本单元内，辽河干流纳入石佛寺水库、万泉河、左小河、小河子河等，流至马虎山断面。马虎山断面是国控断面，目标水质为Ⅳ类。图3.2 为辽河沈阳市马虎山水系示意图。

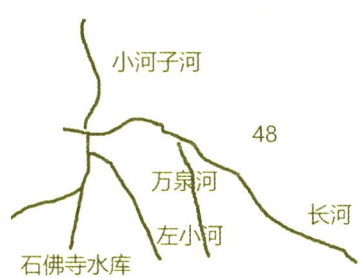

图3.2　辽河沈阳市马虎山水系示意图

（4）辽河沈阳市巨流河大桥控制单元

辽河沈阳市巨流河大桥控制单元位于沈阳市康平县、法库县、新民市、阜新市彰武县、铁岭市铁岭县和调兵山市，北起马虎山断面以下，南至巨流河大桥断面，分别纳入秀水河、养息牧河等支流。秀水河，是辽河一级支流。养息牧河，有五条支流均发源于彰武县境内，按头道河、二道河、三道河、地河、小地河自东向西排列，头、二、三道河在二道河子乡汇流后，继续南流，至向家街村西南有地河和小地河相继来汇，然后东南流经养息牧门入新民市汇入辽河。巨流河大桥是国控断面，目标水质为Ⅳ类。

（5）辽河沈阳市红庙子控制单元

该控制单元包括沈阳市辽中区（老大房乡、冷子堡镇、大黑岗子乡）、沈阳市新民市（柳河沟镇、高台子乡、西城街道、兴隆镇、东城街道、辽滨街道、新柳街道、新城街道）。该单元内柳河汇入辽河干流，干流流至红庙子断面。红庙子断面是国控断面，目标水质为Ⅳ类。图 3.3 为辽河沈阳市红庙子水系示意图。

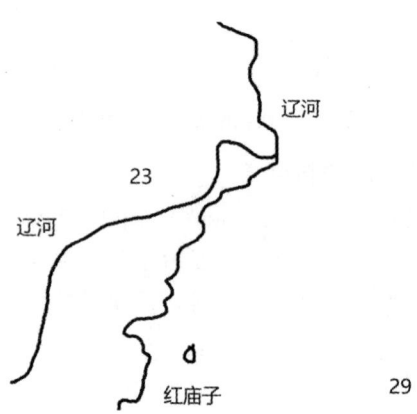

图 3.3　辽河沈阳市红庙子水系示意图

（6）辽河鞍山市控制单元

辽河鞍山市控制单元位于沈阳市辽中区、鞍山市台安县、盘锦市盘山县，北起红庙子断面以下，南至盘锦兴安断面。盘锦兴安断面是国控断面，目标水质是为Ⅳ类。图 3.4 为辽河鞍山市水系示意图。

图 3.4 辽河鞍山市水系示意图

(7) 辽河盘锦市曙光大桥控制单元

该控制单元包括盘锦市双台子区（胜利街道、红旗街道、辽河街道、建设街道、铁东街道、东风街道、双盛街道、化工街道、石油街道）、兴隆台区（高升街道、渤海街道、新生街道、振兴街道、兴隆街道、新工街道、友谊街道、曙光街道、欢喜街道、平安街道、沈采街道、锦采街道、茨采街道、创新街道、兴盛街道、兴海街道）、大洼区（清水镇、大洼镇、田家镇、唐家乡、新立镇）、盘山县（友谊街道、太平镇、高升镇、陈家乡、吴家乡、陆家乡）。本单元内，辽河干流纳入小柳河、八一水库，流至曙光大桥断面。曙光大桥断面是国控断面，目标水质为Ⅳ类。图3.5为辽河盘锦市曙光大桥水系示意图。

图 3.5 辽河盘锦市曙光大桥水系示意图

（8）辽河盘锦市赵圈河控制单元

辽河赵圈河控制单元位于盘锦市大洼区赵圈河乡，是辽河水系入海之前的国控断面，目标水质为Ⅳ类。图 3.6 为辽河盘锦区赵圈河水系示意图。

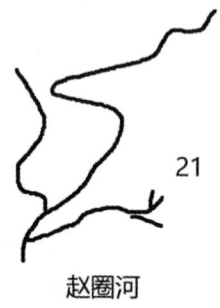

图 3.6　辽河盘锦市赵圈河水系示意图

3.2.2　辽河支流

位于辽河水系支流上的控制单元共有 13 个，分别是寇河铁岭市控制单元、清河铁岭市清辽控制单元、招苏台河铁岭市控制单元、亮子河铁岭市控制单元、清河铁岭市清河水库入库口控制单元、庞家河锦州市控制单元、柴河铁岭市柴河水库口控制单元、凡河铁岭市控制单元、绕阳河盘锦市控制单元、沙子河锦州市控制单元、柳河沈阳市—阜新市控制单元、拉马河沈阳市控制单元和柴河铁岭市东大桥控制单元。辽河支流控制单元中的通江口断面、亮子河入河口断面和沟帮子镇断面水质目标为Ⅴ类，柳家桥断面、清辽断面、胜利塘、柳河桥和拉马桥断面水质目标为Ⅳ类，松树水文站断面、柴河水库入库口、凡河一号桥、清河水库入库口断面和东大桥断面水质目标为Ⅲ类。辽河干流控制单元细化如下：

（1）寇河铁岭市控制单元

寇河是辽河的二级支流，发源于铁岭市西丰县振兴乡枫树村河源屯的老爷岭西北，纳小寇河、乌鲁河、艾清河、叶赫河诸水后在开原市老城镇东南汇入清河，流域面积 1551.6 平方千米，全系山区，干流长度 118 千米，是辽河流域中唯一没有控制性工程的较大型山区河流。松树水文站是国控断面，目标水质为Ⅲ类。图 3.7 为寇河铁岭市水系示意图。

图 3.7　寇河铁岭市水系示意图

（2）清河铁岭市清辽控制单元

清河是辽河的一级支流，控制单元位于铁岭市西丰县、清河区、昌图县和开原市，纳寇河、马仲河等诸水后在清辽汇入辽河，上游清河水库是辽宁省第三大水库。马仲河发源于昌图县昌图镇东明村齐家屯棋盘山南麓，流域面积 346 平方千米，干流长度 50.1 千米，马仲河从开原头道房入清河，汇入马仲河的主要污染源是昌图县城镇污水。苔碧河发源于西丰县成平满族乡景贤村北马屁梁子南丛山中，流域面积 113.2 平方千米，干流长度 29 千米，在清河区杨木林子乡佟家屯汇入清河水库。清辽断面是国控断面，目标水质为Ⅳ类。

（3）招苏台河铁岭市控制单元

招苏台河是辽河的主要支流之一，发源于吉林省四平市山区，在辽宁省昌图县汇入辽河干流，控制单元位于铁岭市昌图县，纳条子河、小南河、二道河等诸水后在通江口汇入辽河。通江口断面是国控断面，目标水质为Ⅴ类。图 3.8 为招苏台河铁岭市水系示意图。

图 3.8　招苏台河铁岭市水系示意图

（4）亮子河铁岭市控制单元

亮子河是辽河的主要支流之一，发源于昌图县，流经开原市古城堡、庆云堡、三家子三个乡镇，于后施家堡村西南入辽河，为辽河一级支流。亮子河入河口是国控断面，目标水质为Ⅴ类。图3.9为亮子河铁岭市水系示意图。

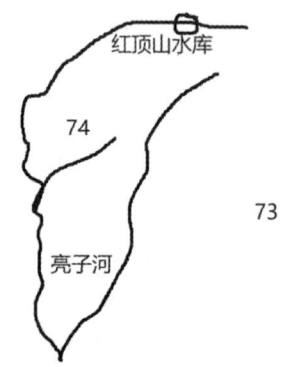

图 3.9　亮子河铁岭市水系示意图

（5）清河铁岭市清河水库入库口控制单元

清河是辽河的一级支流，发源于抚顺市清原满族自治县英额门镇三道沟庙岭，流经清原满族自治县大孤家子镇后自开原市李家台乡上清河村东约 1.5 千米处流入铁岭市境内。碾盘河发源于西丰县和隆乡九如村城墙背岭西，流经和隆、凉泉、房木等乡镇，在开原市八棵树镇孟家沟进入开原市，在耿王庄南汇入清河水库，流域面积 544.9 平方千米，干流河长 57.4 千米。阿拉河发源于西丰县和隆乡达成村，流经林丰乡、八棵树镇，在建材场屯与古城子屯间汇入清河，流域面积 208 平方千米，主河道长 24.2 千米。二道河发源于西丰县与清原县交界的冰砬山南麓，在营厂乡龙家街流入清原县后在小荒沟汇入清河，流域面积 228.7 平方千米，主河道长 27 千米。清河水库位于铁岭市清河区境内，是一座以防洪、灌溉为主，兼顾城市供水、发电、养鱼和生态补水等综合利用、多年调节的大型水利枢纽工程。清河水库入库口断面是国控断面，目标水质为Ⅲ类。图 3.10 为清河铁岭市清河水库入库口水系示意图。

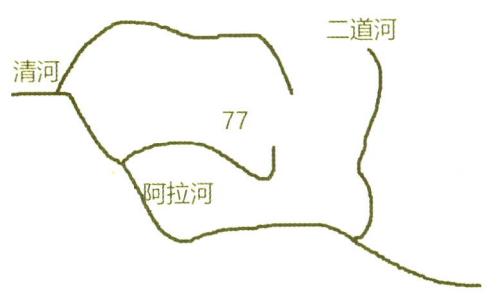

图 3.10 清河铁岭市清河水库入库口水系示意图

（6）庞家河锦州市控制单元

庞家河是绕阳河支流，位于锦州市黑山县、北镇市，沈阳市新民市，鞍山市台安县，阜新市阜蒙县、彰武县，柳家桥断面是国控断面，目标水质为Ⅲ类。图 3.11 为庞家河锦州市水系示意图。

图 3.11 庞家河锦州市水系示意图

（7）柴河铁岭市柴河水库口控制单元

柴河为辽河的一级支流，流域面积为 1440.7 平方千米，河流长度为 133.1 千米。柴河发源于抚顺市清原满族自治县，在铁岭市铁岭县镇西堡镇李家屯村汇入辽河干流。该控制单元包括抚顺市清原满族自治县夏家堡镇，铁岭市开原市上肥地乡、下肥地乡及靠山镇。该控制单元内，柴河纳南柴河，流至柴河水库入库口断面。柴河水库入库口断面是国控断面，目标水质为Ⅲ类。图 3.12 为柴河铁岭市柴河水库口水系示意图。

图 3.12 柴河铁岭市柴河水库口水系示意图

（8）凡河铁岭市控制单元

凡河为辽河的一级支流，流域面积为 1046.1 平方千米，河流长度为 119.9 千米。凡河发源于铁岭市铁岭县白旗寨满族乡夹河厂村，在铁岭市铁岭县凡河镇药王庙村汇入辽河干流。该控制单元包括铁岭市银州区（龙山乡、工人街道、铁西街道、铜钟街道、柴河街道、岭东街道、铁岭经济开发区、红旗街道）、铁岭县（熊官屯乡、大甸子镇、凡河镇、李千户乡、种畜场）、开原市（黄旗寨乡）。该控制单元内，凡河纳榛子岭水库出水恶龙河后，流至凡河一号桥断面。凡河一号桥断面是国控断面，目标水质为Ⅲ类。图 3.13 为凡河铁岭市水系示意图。

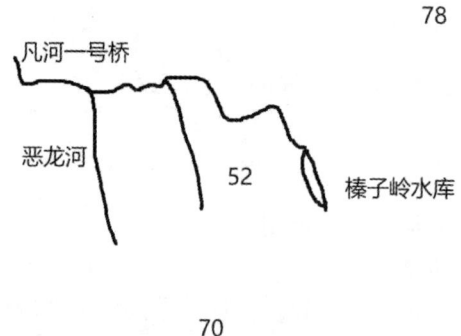

图 3.13 凡河铁岭市水系示意图

（9）绕阳河盘锦市控制单元

绕阳河为辽河的一级支流，流域面积为 10348 平方千米，河流长度 325.8 千米。绕阳河发源于阜新市阜蒙县扎兰营子乡七家子村委会，在盘锦市大洼区新兴镇腰岗子村汇入辽河干流。该控制单元包括鞍山市台安县，阜新市阜新蒙古族自治县、彰武县，锦州市黑山县、凌海市、北镇市，盘锦市兴隆台区、盘山县,沈阳市新民市。

该单元内,支流河众多,绕阳河先后纳鹦鹉河、押鸟河、苇塘河、沙河、二道河(含碱锅水库汇入)、邵绕排干、马绕排干、杜屯排干、一排干、三排干、辽绕运河、东沙河(含八宝海河、八宝海水库、金沙河、奉仕河、龙海水库汇入)、西沙河(含清河、黑鱼沟河、青年水库、鸭子沟河汇入)、月牙河、三台河、盘锦河等诸河,汇流后流至胜利塘断面。胜利塘断面是国控断面,目标水质为Ⅳ类。

(10) 沙子河锦州市控制单元

沙子河隶属大凌河水系,流域面积为 249 平方千米,河流长度 43 千米。沙子河发源于锦州市鲍家乡西北部千家寨山。该控制单元包括锦州市北镇市。本单元内,沙子河直接流至沟帮子镇断面。沟帮子镇断面是国控断面,目标水质为Ⅳ类。图 3.14 为沙子河锦州市水系示意图。

图 3.14　沙子河锦州市水系示意图

(11) 柳河沈阳市—阜新市控制单元

柳河为辽河的一级支流,流域面积为 5344.8 平方千米,河流长度为 301.5 千米。柳河发源于内蒙古自治区,在沈阳市新民市城郊乡梁家烧锅村汇入辽河干流。该控制单元位于阜新市彰武县(大冷蒙古族乡、前福兴地乡、彰武镇、西六家子蒙古族满族乡)、沈阳市新民市(于家窝堡乡、大柳屯镇)。该单元内,柳河在阜新市纳入盘山楼河,流至柳河桥断面。柳河桥断面是国控断面,目标水质为Ⅳ类。图 3.15 为柳河沈阳市—阜新市水系示意图。

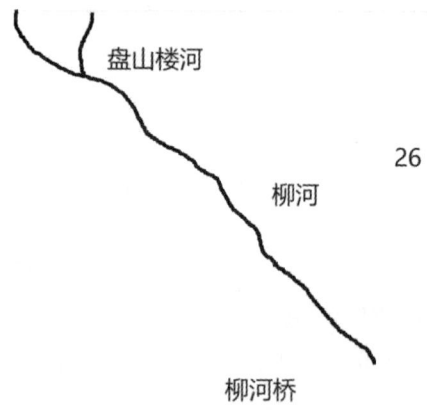

图 3.15 柳河沈阳市—阜新市水系示意图

(12) 拉马河沈阳市控制单元

拉马河为辽河的一级支流,流域面积为 732.5 平方千米,河流长度为 61.5 千米。拉马河发源于沈阳市法库县,在沈阳市沈北新区黄家锡伯族乡石佛寺水库汇入辽河干流。该控制单元位于沈阳市法库县,单元内胜利河、尚屯水库、牛其堡水库汇入拉马河后,流至拉马桥断面。拉马桥断面是国控断面,目标水质为Ⅳ类。图 3.16 为拉马河沈阳市水系示意图。

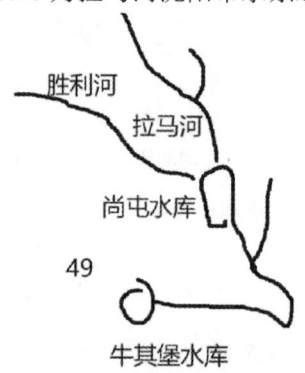

图 3.16 拉马河沈阳市水系示意图

(13) 柴河铁岭市东大桥控制单元

柴河为辽河的一级支流,流域面积为 1440.7 平方千米,河流长度为 133.1 千米。柴河发源于抚顺市清原满族自治县,在铁岭市铁岭县镇西堡镇李家屯村汇入辽河干流。该控制单元位于铁岭市银州区,柴河纳柴河水库出水,流至东大桥断面,汇入辽河。东大桥断面是国控断面,目标水质为Ⅲ类。图 3.17

为柴河铁岭市东大桥水系示意图。

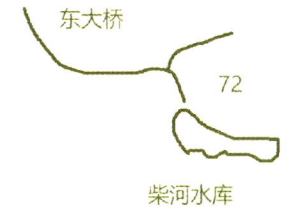

图 3.17 柴河铁岭市东大桥水系示意图

3.3 控制单元细化要求

为实现流域精细化管理，提升水污染物排放限值的科学性，以国家流域控制单元划分结果为基础，根据水系和水环境质量以及行政区域特点等因素，细化流域控制单元。

3.3.1 单元控制要求

流域控制单元：生态环境部建立"流域—控制区—控制单元"分区体系，并实施分级（优先和一般）、分类管理（水质改善型和防止退化型）。

控制单元一般按照水文特征（径流量、汛期、冰期）、水体类型（河渠、湖库、河口）、水体达标情况（水质改善型、水质维持型）、跨界情况（有无省市行政区跨界）划分。

水功能区：水功能区是根据水资源的自然条件和开发利用现状，按照流域综合规划、水生态系统保护和经济社会发展要求，依其主导功能划定范围并执行相应水环境质量标准的水域，分国家级、省级、地市级、县级。水功能区突出水体功能，是水资源开发利用和保护的基础，包含主要河流干流及其支流，大型、中型及小型水库。

水功能区分类包括：

一级：保护区、保留区、开发利用区、缓冲区。

二级：饮用水源区、工业用水区、农业用水区、渔业用水区、景观娱乐用水区、过渡区、排污控制区。

辽河水系范围包含 134 个二级水功能区，其中饮用水源区 16 个、农业用水区 96 个、渔业用水区 11 个、景观娱乐用水区 2 个、排污控制区 4 个、过渡区 5 个。

3.3.2 细化原则

遵循水质目标原则、行政边界原则、重要水体功能原则和细化后的控制单元具有可考核性原则，对辽河水系控制单元进行细化。

（1）水质目标，将控制单元中国控、省控断面与水功能区断面位置及水质目标进行比对（一致、矛盾）、衔接。

（2）行政边界，以县界为基本单元，考虑单元跨市界情况，便于管理分清责任的原则。

（3）重要水体功能，依据水功能区主导生态功能将水源保护区等具有重要水体功能的区域进行细分。

（4）具有可考核性，细化衔接的控制单元应具有省以上监测断面，细化后具有可考核性

3.3.3 细化方式

（1）空间位置，以控制单元为基准，在空间上搜索与之相关的水功能区，进行空间位置的整合与确认。

（2）水质目标，将控制单元中国控、省控断面与水功能区断面位置及水质目标进行比对（一致、矛盾）。

（3）水体功能，梳理控制单元内包含的水功能区主导功能，辅助开展控制单元衔接与细化。

3.4 控制单元类别划分

将细分后的控制单元进行类别划分，分成核心控制单元、优先控制单元和一般控制单元。

3.4.1 核心控制单元

核心控制单元包括饮用水水源保护区等环境质量要求较高的区域，原则上核心控制单元内不得新建、改建、扩建排污口，污染源不得以任何方式直接向该区域排放废水。

在水功能区划中，辽河水系包含饮用水源区 16 个，分别对应 8 个控制单元。其中龙湾水库、杜家店水库和宝兴水库未建立保护区，因此未收集到矢

量数据。二道沟河西丰源头水饮用区、阿拉河西丰源头水饮用区、碾盘河西丰源头水饮用区属于清河上游源头水保护功能。辽河水系控制单元对应的水源地和水功能区，如表 3.2 所示。

筛选 7 个单元为核心控制单元，分别是：

（1）清河铁岭市清辽控制单元（No.73A）。

（2）清河铁岭市清河水库入库口控制单元（No.77）。

（3）柴河铁岭市东大桥控制单元（No.72）。

（4）柴河铁岭市柴河水库入库口控制单元（No.78）。

（5）凡河铁岭市控制单元（No.52）。

（6）寇河铁岭市控制单元（No.76B）。

（7）柳河沈阳市—阜新市控制单元（No.22A）。

表 3.2　辽河水系控制单元对应的水源地和水功能区

水源地	控制单元	水功能区划
清河水库 南城子水库	清河铁岭市清辽控制单元	1. 清河开原饮用水源区 2. 清河水库饮用、农业用水区 3. 叶赫河南城子水库饮用、农业用水区
	清河铁岭市清河水库入库口控制单元	4. 二道沟河西丰源头水饮用区 5. 阿拉河西丰源头水饮用区 6. 碾盘河西丰源头水饮用区
柴河水库	柴河铁岭市东大桥控制单元	7. 柴河水库饮用、工业用水区 8. 柴河堡饮用、农业用水区 9. 南柴河铁岭饮用水源
	柴河铁岭市柴河水库入库口控制单元	
榛子岭水库	凡河铁岭市控制单元	10. 泛河榛子岭水库饮用、渔业用水区
石佛寺水库	辽河马虎山控制单元	11. 辽河石佛寺水库饮用、农业用水区
闹德海水库	柳河沈阳市—阜新市控制单元	12. 柳河闹德海水库饮用、农业用水区
宝兴水库 诚信水库	寇河铁岭市控制单元	13. 小寇河宝兴水库饮用、农业用水区 14. 寇河诚信水库饮用、农业用水区

3.4.2 优先控制单元

优先控制单元包括近期水质未能稳定达标的单元，属于水质改善型，需要优先控制的单元。

（1）优先控制单元的筛选依据，应结合辽河流域水污染防治"十三五"规划（2016年）：一是现状水质不达标的单元；二是含有国家或省级自然保护区的单元；三是维系流域区域水生态安全格局、大部分水体具有饮用水等重要功能的单元；四是环境风险高、易发突发事件的单元筛选为优先控制单元。

参考《辽宁省水污染防治工作方案》（2015年）提到的生态保护类、治理改善类单元，结合辽宁省生态环境保护重点工作，以及《辽宁省重污染河流治理攻坚战实施方案》（2018年）中的重污染河流，确定优控单元。

《辽河治理攻坚战行动方案》（2019年）中的辽河流域支流治理目标清单中的重点支流。

（2）优先控制单元。辽河流域水污染防治"十三五"规划，优控单元有4个，分别是：寇河铁岭市控制单元（No.76A）、辽河沈阳市红庙子控制单元、亮子河铁岭市控制单元和辽河沈阳市巨流河大桥控制单元（26B、26C）。

《辽河治理攻坚战行动方案》（2019年）中的重污染支流所在的单元分别是：

（1）亮子河铁岭市控制单元。

（2）清河铁岭市清辽控制单元（No.73B）。

（3）辽河铁岭市控制单元。

（4）绕阳河盘锦市控制单元。

（5）沙子河锦州市控制单元。

（6）辽河沈阳市三合屯控制单元。

（7）辽河沈阳市马虎山控制单元。

（8）招苏台河铁岭市控制单元。

（9）庞家河锦州市控制单元。

将二者相结合，筛选出辽河水系13个优控单元，如表3.3所示。

表 3.3 优控单元的筛选依据

序号	控制单元	重点支流	单元类型
1	寇河铁岭市控制单元（No.76A）		水质改善型
2	辽河沈阳市红庙子控制单元		水质改善型
3	亮子河铁岭市控制单元	亮子河	水质改善型
4	辽河沈阳市巨流河大桥控制单元（No.22B）	养息牧河	水质改善型
5	辽河沈阳市巨流河大桥控制单元（No.22C）	养息牧河	水质改善型
6	清河铁岭市清辽控制单元（No.73B）	马仲河	
7	辽河铁岭市控制单元	长沟河	
8	绕阳河盘锦市控制单元	绕阳河	
9	辽河沈阳市三合屯控制单元	八家子河	
10	沙子河锦州市控制单元	沙子河	
11	庞家河锦州市控制单元	庞家河	
12	辽河沈阳市马虎山控制单元	万泉河、左小河	
13	招苏台河铁岭市控制单元	招苏台河	

3.4.3 一般控制单元

一般控制单元是指近期水质稳定达标的单元，属于水质维持型单元。基于细分的 25 个控制单元，筛选 7 个核心控制单元，13 个优先控制单元，其余单元为一般控制单元，共 5 个，分别是：

（1）辽河鞍山市控制单元（No.24）。
（2）辽河盘锦市赵圈河控制单元（No.21）。
（3）辽河盘锦市曙光大桥控制单元（No.20）。
（4）拉马河沈阳市控制单元（No.49）。
（5）柳河沈阳市—阜新市控制单元（No.22B）。

3.5 控制单元细化结果

3.5.1 与行政区的衔接

遵循行政边界原则（跨市界，且单元内有多个省级以上考核断面）、与水功能区衔接原则(包括水体功能及水质目标的衔接)、细化后的控制单元具有可考核性原则,将辽河水系 21 个控制单元细化为 25 个控制单元,包括 7 个核心控制单元,13 个优先控制单元,5 个一般控制单元,具体情况如表 3.4 所示。

表 3.4 控制单元细化结果

核心控制单元	优先控制单元	一般控制单元
1. 清河铁岭市清辽控制单元 A	1. 寇河铁岭市控制单元 A	1. 辽河鞍山市控制单元
2. 清河铁岭市清河水库入库口控制单元	2. 辽河沈阳市红庙子控制单元	2. 辽河盘锦市赵圈河控制单元
3. 柴河铁岭市东大桥控制单元	3. 亮子河铁岭市控制单元	3. 辽河盘锦市曙光大桥控制单元
4. 柴河铁岭市柴河水库入库口控制单元	4. 辽河沈阳市巨流河大桥控制单元 B	4. 拉马河沈阳市控制单元
5. 凡河铁岭市控制单元	5. 辽河沈阳市巨流河大桥控制单元 C	5. 柳河沈阳市—阜新市控制单元 B
6. 寇河铁岭市控制单元 B	6. 清河铁岭市清辽控制单元 B	
7. 柳河沈阳市—阜新市控制单元 A	7. 辽河铁岭市控制单元	
	8. 绕阳河盘锦市控制单元	
	9. 沙子河锦州市控制单元	
	10. 辽河沈阳市三合屯控制单元	
	11. 招苏台河铁岭市控制单元	
	12. 庞家河锦州市控制单元	
	13. 辽河马虎山控制单元	

辽河水系控制单元开展逐一的边界确定,共有两个控制单元存在跨市界,且单元内有多个省以上考核断面的情况,分别是柳河沈阳市—阜新市控制单元和沈阳市巨流河大桥控制单元。

(1) 柳河沈阳市—阜新市控制单元

柳河沈阳市—阜新市控制单元是辽河支流上的重要单元,主要包括辽河一级支流柳河,及其两个考核断面:柳河桥断面(国控断面,Ⅳ类)、长坨子断面（省控断面，Ⅳ类）。柳河流域跨市界，长坨子断面以上归属阜新市彰武县，以下归属沈阳市新民市，为了便于控制单元管理，明确水质目标责任，以沈阳、阜新市界进行划分，把控制单元细分为A、B。

(2) 沈阳市巨流河大桥控制单元

沈阳市巨流河大桥控制单元（No.26）国控断面巨流河大桥，目标水质为Ⅳ类，省控断面秀水桥位于秀水河上，目标水质为Ⅳ类，省控断面养息牧门和旧门桥均位于养息牧河上，目标水质为Ⅳ类。单元内包括两个市级行政区：阜新和沈阳，为便于控制单元管理，将沈阳市巨流河大桥控制单元（No.26）依据市界划分为26A和26B，分属于阜新市彰武县和沈阳市法库县。

3.5.2 与水功能区的衔接

衔接内容包括水体功能和水质目标两方面。

(1) 水体功能的衔接

辽河水系二级水功能区有134个，具有饮用水源和源头水保护功能的水功能区共有14个，分布在8个控制单元内，其中石佛寺水库为地下水源。结合水功能区划和辽宁省饮用水源保护区划，将饮用水源保护区（一级、二级）从控制单元内扣除，作为核心控制单元。参照水功能区划，将重要水源地的源头水补给所在单元划分为核心控制单元，辽河水系共7个核心控制单元。

结合辽宁省水功能区划，寇河铁岭市控制单元属于源头水保护区，单元内的诚信水库，是铁岭市西丰县的饮用水源。清河铁岭市清河水库入库口控制单元属于源头水保护区，水体功能要求较高，结合清河水源保护区规划范围，将清河水库从清河铁岭市清辽控制单元划归清河铁岭市清河水库入库口控制单元。参考饮用水源保护区边界将清河铁岭市清辽控制单元中涉及的南城子水库饮用水保护区，寇河铁岭市控制单元中涉及的诚信水库饮用水保护区剔除，即清河铁岭市清辽控制单元细分为A、B，寇河铁岭市控制单元细分为A、B。

柳河沈阳市—阜新市控制单元（No.22），柳河桥断面是国控断面，目标水质为Ⅳ类；长坨子断面是省控断面，目标水质为Ⅳ类。控制单元包含一个县级污水处理厂，即阜新市清河门区污水处理厂（1.5万吨/日，一级A）。闹德海水库位于柳河中上游，介于阜新市彰武县和通辽市库伦旗之间，是水利厅直属的七座大型水库之一。将闹德海水库水源保护区与控制单元进行叠加处理，将柳河沈阳市—阜新市控制单元划分为两个单元（No.22A和No.22B），将闹德海水库所在的单元22A划分为核心控制单元。

寇河铁岭市控制单元、清河铁岭市清辽控制单元、清河铁岭市清河水库入库口控制单元细化前后对比，如图3.18所示。

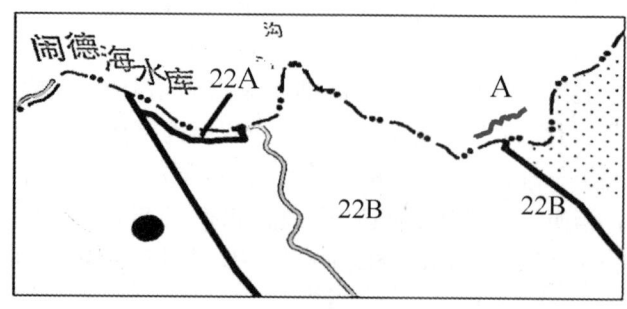

图3.18 调整后柳河沈阳市—阜新市控制单元

（2）水质目标的衔接

辽河水系水功能区划共有考核断面113个，其中国家级考核断面34个，省级考核断面79个。辽河水系控制单元共有考核断面32个，其中国控断面21个，省控断面11个。控制单元内考核断面逐一对比，水功能区考核断面与控制单元国控、省控水质目标基本一致。以沈阳市巨流河大桥控制单元为例，该单元内水环境复杂，有多条支流及水库，涉及17个辽宁省二级水功能区，主要水体功能为农业、渔业用水，大部分水功能区水质目标与控制单元考核断面水质目标是一致的。

其中，养息牧河五家子桥农业用水区和养息牧河新民农业用水区对应的水质目标为Ⅴ类，对应河段为养息牧河养息牧门断面以下至养息牧河入辽河口。养息牧河上的养息牧门和旧门桥断面，以及养息牧河入辽河口的巨流河大桥断面的目标水质均为Ⅳ类。因此，为保证断面水质达标，建议水质目标遵循控制单元国控、省控断面水质目标，为Ⅳ类，如表3.5—3.7所示。

表3.5 辽河沈阳市巨流河大桥控制单元对应的二级水功能区划

	水功能区名称	范围		水质代表断面	水质目标
		起始	终止		
辽河沈阳市巨流河大桥控制单元	1. 秀水河花古水库农业、渔业用水区	原张家窑水库入口	花古水库出口	花古水库	Ⅲ
	2. 秀水河河口农业用水区	花古水库出口	秀水河入辽河口	公主屯	Ⅳ
	3. 尖山子河彰武、法库农业用水区	尖山子河源头	尖山子河入秀水河河口	原尖山子水库	Ⅲ

第三章　流域污染物管控单元区域划分与精细化

续表

	水功能区名称	范围		水质代表断面	水质目标
		起始	终止		
辽河沈阳市巨流河大桥控制单元	4. 养息牧河西旧府水库农业、渔业用水区	养息牧河源头	西旧府水库出口	西旧府水库	III
	5. 养息牧河彰武农业、工业用水区	西旧府水库出口	小地河入养息牧河河口	阿莫村	IV
	6. 养息牧河五家子桥农业用水区	小地河入养息牧河河口	阜新、沈阳市界	五家子桥	V
	7. 养息牧河新民农业用水区	阜新、沈阳市界	养息牧河入辽河河口	小荒地	V
	8. 头道河巨龙湖水库农业、渔业用水区	巨龙湖水库入口	巨龙湖水库出口	巨龙湖水库	III
	9. 头道河巨龙湖水库下游农业用水区	巨龙湖水库出口	头道河入养息牧河河口	头道河入养息牧河河口	IV
	10. 三道河小德阁水库农业、渔业用水区	小德阁水库入口	小德阁水库出口	小德阁水库	III
	11. 三道河彰武农业用水区	小德阁水库出口	三道河入养息牧河河口	兴隆堡桥	IV
	12. 地河彰武农业、渔业用水区	地河源头	地河入养息牧河河口	兴隆山水库	III
	13. 三合成河三合成水库渔业、农业用水区	三合成河源头	三合成河獾子洞水库入口	三合成水库	III
	14. 三合成河獾子洞水库渔业、景观娱乐用水区	三合成河獾子洞水库入口	三合成河入尖山子河河口	獾子洞水库	III
	15. 秀水河蒙辽缓冲区（一级）	大官窝堡	原张家窑水库入口	原张家窑水库入口	III
	16. 头道河彰武源头水保护区（一级）	头道河源头	巨龙湖水库入口	巨龙湖水库入口	II
	17. 三道河彰武源头水保护区（一级）	三道河源头	小德阁水库入口	西八天地	II

表 3.6 水质目标一致的控制单元与水功能区衔接情况

序号	控制单元	水质目标	衔接情况
1	寇河铁岭市控制单元	一致	划分为核心控制单元
2	辽河沈阳市三合屯控制单元	一致	
3	清河铁岭市清辽控制单元	一致	以南城子水库饮用水保护区为界划分为A、B，其中南城子水库划分为核心控制单元；将清河水库划归清河铁岭市清河水库入库口控制单元
4	清河铁岭市清河水库入库口控制单元	一致	划分为核心控制单元
5	辽河铁岭市控制单元	一致	
6	柴河铁岭市柴河水库入库口控制单元	一致	划分为核心控制单元
7	辽河鞍山市控制单元	一致	
8	庞家河锦州市控制单元	一致	
9	辽河盘锦市赵圈河控制单元	一致	
10	招苏台河铁岭市控制单元	一致	
11	亮子河铁岭市控制单元	一致	
12	凡河铁岭市控制单元	一致	建议划分为核心控制单元
13	绕阳河盘锦市控制单元	一致	
14	沙子河锦州市控制单元	一致	
15	辽河沈阳市红庙子控制单元	一致	
16	柳河沈阳市—阜新市控制单元	一致	以闹德海水库饮用水保护区为界划分为A、B，其中闹德海水库划分为核心控制单元
17	辽河盘锦市曙光大桥控制单元	一致	
18	拉马河沈阳市控制单元	一致	
19	柴河铁岭市东大桥控制单元	一致	建议划分为核心控制单元

表 3.7 水质目标不一致的控制单元与水功能区衔接情况

序号	控制单元	水质目标	衔接情况
1	辽河沈阳市巨流河大桥控制单元	不一致	水质目标从控制单元（Ⅳ类），依水系、行政区划分为A、B
2	辽河沈阳市马虎山控制单元	不一致	修改褚民屯桥水质目标为Ⅳ类，该控制单元划分为核心控制单元

第四章 水环境问题控制单元识别

4.1 辽河沈阳市马虎山控制单元

4.1.1 控制单元水质概况

马虎山控制单元位于沈阳市法库县三面船镇、依牛堡子乡，沈阳市新民市陶家屯乡，铁岭市铁岭县阿吉镇、腰堡、新台子。本单元内，辽河干流纳入石佛寺水库，万泉河，左小河，小河子河等，流至马虎山断面。单元内共4个监测断面，其中，马虎山断面位于辽河干流，是国考断面，目标水质Ⅳ类，现状水质为Ⅴ类，超标因子为氨氮和总氮；八间桥断面位于左小河上，是省考断面，目标水质为Ⅳ类，现状水质Ⅴ类，超标因子为化学需氧量和氨氮；褚民屯桥断面位于万泉河上，是省考断面，目标水质为Ⅴ类，现状水质为劣Ⅴ类，超标因子为氨氮；七星湿地断面位于长河上，是省考断面，目标水质为Ⅴ类，现状水质为Ⅳ类（图4.1，图4.2）。

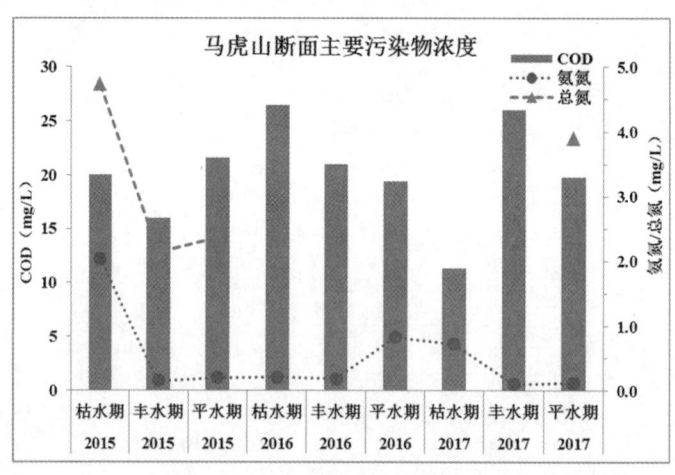

图 4.1 马虎山断面主要污染物浓度

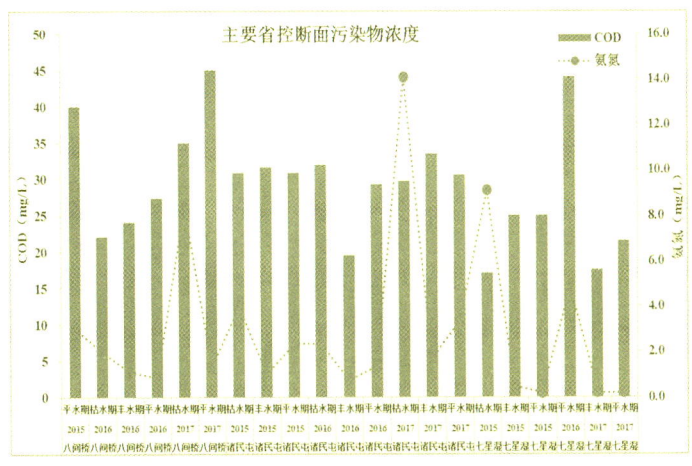

图 4.2　主要省控断面污染物浓度图

2019年2月对马虎山控制单元内几条支流进行水质加密监测。万泉河点位位于新台子镇政府正南，万泉河橡胶坝位于新台子镇政府东侧，08渠点位为工业园区直排。万泉河橡胶坝点位氨氮、总氮、总磷超标；万泉河点位总氮超Ⅴ类标准；岭南污水处理厂总氮、总磷超标；08渠点位氨氮、总氮超标。长河工铁桥点位位于新城子污水处理厂排口上游，泥沟堡点位位于清水镇污水处理设施排口，二井桥点位位于清水街道二井桥下，所有监测指标均超过Ⅴ类标准（图4.3）。

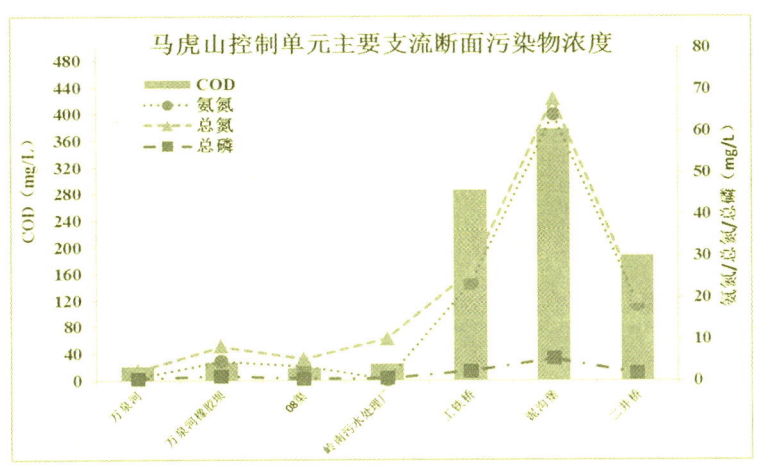

图 4.3　马虎山控制单元主要支流断面污染物浓度

4.1.2 水环境问题识别

（1）工业园区污水管网建设不完善，存在污水直排

高新区产业园、懿路工业园、台湾产业园污水均未完全接入污水处理厂，存在污水直排现象；部分企业采用罐车运输的方式将污水运入污水处理厂，部分企业生产、生活污水直排入万泉河。

（2）排污企业污染处理设施运行管理存在问题，未按环评批复运行

九三集团大豆油生产厂污水处理工艺与环评报告不一致；固体废物处置不当，危险废物未按环评批复要求处置，剩余污泥等固体废物未按规定处理。李先生食品有限公司污水转运手续不全；污泥随生活垃圾一起转运，未按规定处置；项目环评、排污许可证等文件未对污水、污泥排放量做明确描述。

（3）城镇生活污水、污水处理厂存在直排现象

万泉河高新区水处理厂上游区域发现该厂污水直排口，排水量较大；万泉河新台子镇河段发现污水直排口。

（4）污水集中治理设施运行不正常、农村污水处理设施闲置

铁岭高新区污水处理厂砂滤池、生化池运行工况不正常，曝气设备存在损坏，出水颜色发黄，较浑浊；中控系统无法调阅历史数据等；部分现场自控仪表无法正常使用；厂区围墙外有溢流口。东孤家子村小型污水处理设施处于停运状态，污水直排万泉河懿路水库。

（5）畜禽养殖存在企业不按规定运行污染治理措施、散养户近河养殖等现象

大奥养殖场污染治理设施建而不用，部分鸡粪随意露天堆放，未按要求存放于具备"三防"的储粪场。上未村段近河道处养鸡户建有粪污堆存设施，但未使用，粪污随地堆存。杨士屯村段河堤上发现养牛棚，养殖粪污随处堆放，无必要措施。

（6）河道内存在生活、生产垃圾堆放，种植农田等问题

临近村庄、桥梁的河道，多见生产、生活垃圾。杨士屯村段存在河道、河堤农作物种植问题。

4.2 招苏台河铁岭市控制单元

4.2.1 控制单元水质概况

招苏台河铁岭市控制单元位于铁岭市昌图县，北临吉林省四平市，处于

两省交界的位置，区域内水功能以农业用水为主。招苏台河下游的通江口断面是国控断面，目标水质为Ⅴ类，现状水质劣Ⅴ类，超标因子为氨氮（2.4mg/L）和总磷（0.52mg/L），超标率分别为20%和30%（图4.4）。

对招苏台河市控断面开展监测，发现条子河跨省界断面后义和屯水质较差，超标严重；黄酒馆断面监测的四项指标均达标，说明二道河对招苏台河的污染贡献较小；招苏台河跨省界断面张家桥水质超标；通江口断面氨氮和总磷超标（图4.5）。

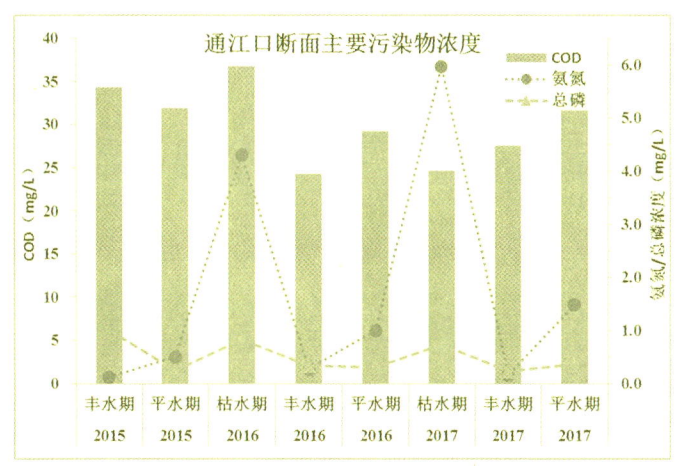

图4.4 通江口断面主要污染物浓度

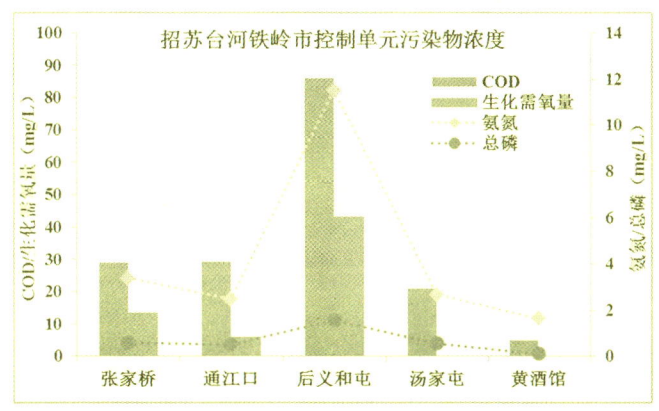

图4.5 招苏台河市控断面主要污染物浓度

条子河流域

（1）点源

昌图县经济开发区位于老四平镇，条子河上游南岸，园区有污水处理设施一座，处理能力 400 吨/日，执行污水处理厂二级标准。该园区污水产生量 1400 吨/日，目前有 280 吨生产废水及 1000 吨左右污水直排条子河。

辽宁曙光农牧集团有限公司食品加工事业部（曙光食品）污水处理站生化池污泥严重膨胀，出水清如自来水，无色无味，与食品加工企业排放的污水情况感官不一致，紧邻厂界一大坑存有污水，有设暗管偷排及排放污水之前掺入清水的嫌疑。

（2）生活源

条子河沿岸现有乡镇污水处理设施 1 座，八面城镇污水处理设施，处理能力 2000 吨/日，因该设施位于八面城镇中心地段高点位置，导致城东和城西两侧生活污水无法收集，因此目前每日仅处理 500 吨，剩余 2500 吨（八面城东 1500 吨，八面城西 1000 吨）左右生活污水未经处理直排入河。

（3）面源

条子河沿岸现有规模以上畜禽养殖户 93 家，其中养猪 19 家、养鸡 65 家、养牛 9 家。

二道河流域

（1）点源

昌图县糠醛厂位于二道河流域毛家店镇，该厂利用玉米芯制造呋喃甲醛，日产量约 6 吨，虽为废水零排放企业，但厂内排水沟内有污水排放。经检测，污水严重超标。

（2）生活源

二道河流域的乡镇污水处理设施建设滞后

（3）面源

二道河沿岸现有规模以上畜禽养殖户 257 家，其中养猪 42 家、养鸡 170 家、养牛 45 家。

孙艳学养殖场位于毛家店镇杏山村，距离二道河 15 米左右，现存栏生猪 1200 头左右，产生的畜禽粪便在河边 15 米处随意堆放，养殖场后身建有约 50 立方米污水储存池一座，远不能满足生产需要，污水储存池下方设有排污管，污水直接排入二道河。

杨福石养猪专业户位于毛家店镇六合村 11 组，现存栏生猪 150 头，属于养殖专业户，距离二道河 5 米左右，建有半地下式堆粪场 100 立方米，地下式污水池 100 立方米，污水池有排污口，污水直接排入二道河内。

招苏台河流域

（1）点源

辽宁曙光农牧集团有限公司（通江口），该企业自 2018 年 12 月 26 日起停产至今，污水处理设施并未启用，现场检查发现生化池内污泥老化严重，池内仅存少量活性污泥，故该企业恢复生产时不能实现达标排放，同时该企业清洗车间的污水直接排放。

（2）生活源

招苏台河沿岸现有乡镇污水处理设施 6 座，分别为两家子农场乡镇污水处理设施、金家镇乡镇污水处理设施、大兴镇乡镇污水处理设施、七家子镇乡镇污水处理设施、长发镇乡镇污水处理设施、后窑镇乡镇污水处理设施。曲家镇、前双井子镇尚未建设生活污水处理设施。

（3）面源

招苏台河沿岸现有规模以上畜禽养殖户 105 家，其中养猪 41 家、养鸡 49 家、养牛 15 家。曲家镇西獾洞村养猪场大量粪污堆放在路旁，无"三防"设施，风险隐患极大。

4.2.2 水环境问题识别

（1）工业企业及园区污水超排、偷排严重

昌图县经济开发区属于省级经济开发区，目前污水产生量 1400 吨/日。园区有污水处理设施一座，处理能力 400 吨/日，执行污水处理厂二级标准，目前有 280 吨生产废水及 1000 吨左右生活污水直排条子河。

昌图县糠醛厂位于昌图县毛家店镇，该厂利用玉米芯制造呋喃甲醛，日产量约 6 吨，虽为废水零排放企业，但厂内排水沟内有污水排放。经检测，污水严重超标。

（2）畜禽养殖污染问题突出

全县规模养殖场 497 家，规模化养殖比例不足 40%。沿河禁养区划分工作尚未开展，部分近河两岸规模以上畜禽养殖小区及散养户粪污未及时处理，粪污偷排河道现象普遍存在。

孙艳学养殖场位于毛家店镇杏山村，距离二道河 15 米左右，现存栏生猪 1200 头左右，产生的畜禽粪便在河边 15 米处随意堆放，养殖场后身建有约 50 立方米污水储存池一座，远不能满足生产需要，污水储存池下方设有排污管，污水直接排入二道河。

鸿运养殖场位于宝力镇苇子村，现存栏生猪 900 头，属于规模养殖场，无环评手续，距离二道河支流苇子河 10 米左右。养殖场建有堆粪场 400 立方米，建有污水处理池 500 立方米，污水处理池有排污口，距离苇子河 15 米左右。

（3）乡镇污水收集管网不完善、处理设施未运行现象普遍存在

已建成的乡镇污水处理设施绝大部分处于闲置状态无法发挥效能，已投运的乡镇污水处理设施工艺简单，出水执行《城镇污水处理厂污染物排放标准》的二级标准，处理标准过低，污染物无法得到有效消减。

八面城镇污水处理设施未运行，收集管网不完善，每天 2500 吨左右生活污水未经处理直排条子河支流北太平河。

大兴镇污水处理设施，设计处理能力 200 吨/日，执行二级排放标准，建成后一直没有启用，每天 500 吨生活污水直排环境。

（4）沿河垃圾及畜禽粪便乱堆乱放问题严重

由于沿河村民及生产单位环保意识、清洁意识等不强，造成垃圾沿河堆放现象十分普遍，如逢汛期，垃圾随雨水进入河道，将造成河床淤积、水流不畅，河道水质进一步下降。

4.3 绕阳河盘锦市控制单元

4.3.1 控制单元水质概况

绕阳河发源于阜新市阜蒙县扎兰营子乡七家子村委会，在盘锦市大洼区新兴镇腰岗子村汇入辽河干流。该控制单元包括鞍山市台安县；阜新市阜新蒙古族自治县、彰武县；锦州市黑山县、凌海市、北镇市；盘锦市兴隆台区、盘山县；沈阳市新民市。该控制单元内支流众多，下游的胜利塘断面是国考断面，目标水质Ⅳ类，现状水质Ⅴ类，超标因子为化学需氧量（33mg/L），超标率为 10%（图 4.6）。

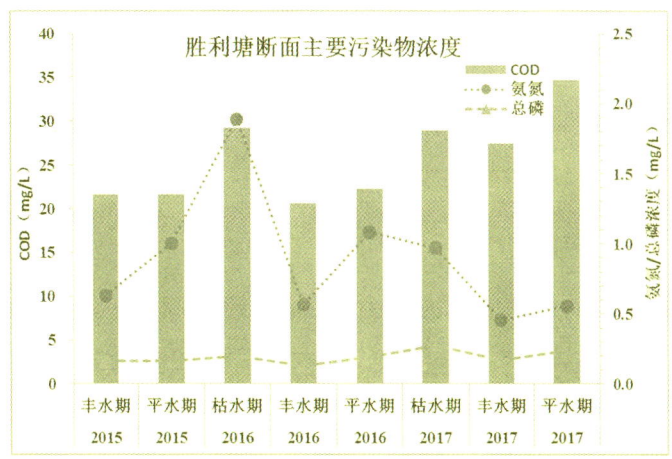

图 4.6　胜利塘断面主要污染物浓度

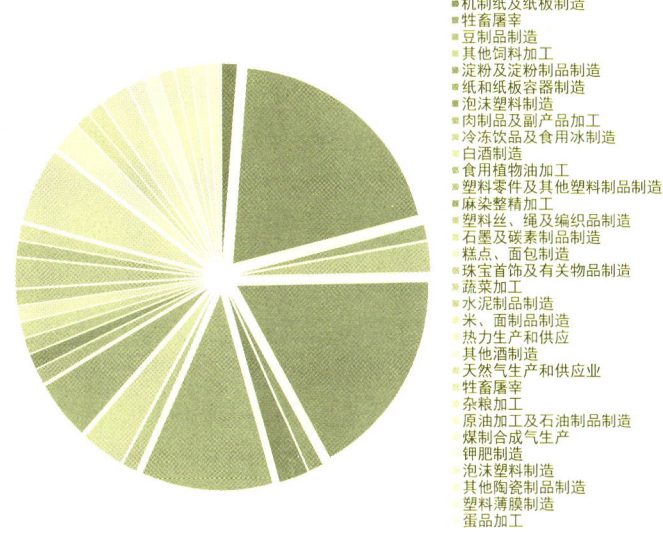

图 4.7　绕阳河盘锦市控制单元点源行业情况

单元内涉水企业共 89 家，行业主要集中在牲畜屠宰、淀粉及淀粉制品制造、肉制品及肉制品加工。其中，直排的 65 家，24 家企业污水进污水厂。单元内两家污水厂：锦州北镇污水厂（2 万吨/日，一级 B，黑鱼沟河）和盘锦盘山污水厂（1 万吨/日，一级 A，绕阳河）（图 4.7）。

4.3.2 水环境问题识别

（1）工业企业污水处理设施未正常运行

开展单元内涉水工业企业的污染排查，共调查了 8 家企业，现场采样检测确认污水处理设施运行不正常的有 1 家，运行存疑的有 4 家。其中，2 个工业园区污水处理厂均存在不正常运行现象。主要问题是现有污水收集管网破损严重，大量污水外流，污水处理厂进水浓度普遍偏低。如盘山县污水厂、新材料工业园区工业污水厂出水化学需氧量（COD）浓度分别为 56mg/L 和 53mg/L，设计出水应经管网送至 900 米外的湿地处理后排放，但因管路破损严重，约有 5000 吨/日的水外溢直排，现场采样检测化学需氧量（COD）浓度为 431mg/L、NH_3-N 浓度为 7.27mg/L，严重超标。

（2）畜禽养殖污染问题

对单元内畜禽养殖进行调查，11 家密集散养户，其中 7 家处于停产状态，4 家在生产，且均将污水排入稻田或排入干渠。

4.4 辽河水系重点污染源识别

4.4.1 各类污染源排放情况及发展趋势分析

依据环境统计数据对流域 2017、2018 年点源污染物排放情况进行分析，采用输出系数法对面源负荷进行核算。

辽河水系面源污染的排放负荷较大，控制面源污染是流域减排的关键。其中，化学需氧量（COD）点源排放量仅占 4%，面源占 96%；氨氮点源排放量仅占 4%，面源占 96%；总氮点源排放量仅占 8%，面源占 92%；总磷点源排放量仅占 1%，面源占 99%（表 4.1，图 4.8）。

点源排放负荷中城镇污水处理厂所占比重较大，其次是直排工业源，规模化畜禽养殖占比较小。点源化学需氧量（COD）负荷中，城镇污水厂占 90.2%，直排工业源占 9.08%；氨氮负荷中，城镇污水厂占 80.53%，直排工业源占 19.30%；总氮负荷中，城镇污水厂占 94.43%，直排工业源占 5.48%；总磷负荷中，城镇污水厂占 91.87%，直排工业源占 7.40%（图 4.9）。

表 4.1　辽河水系各类污染源排放负荷

污染源类型		化学需氧量（吨）		氨氮（吨）		总氮（吨）		总磷（吨）	
		2017	2018	2017	2018	2017	2018	2017	2018
点源	工业源	562.41	629.40	53.68	66.89	158.67	149.02	7.70	6.96
	城镇污水处理厂	6852.58	6250.38	330.16	279.11	2621.60	2568.19	88.94	86.44
	规模化畜禽养殖	51.34	48.22	1.06	0.29	4.47	2.45	0.89	0.69
	合计	6928		346.29		2719.66		94.09	
面源	水田	5547.97		665.76		306.99		21.45	
	旱地	34139.95		3565.73		1346.63		110.01	
	林地	6717.91		986.69		554.23		47.87	
	畜禽	120926.74		3665.33		28653.67		6380.95	
	合计	167332.57		8883.51		30861.52		6560.28	

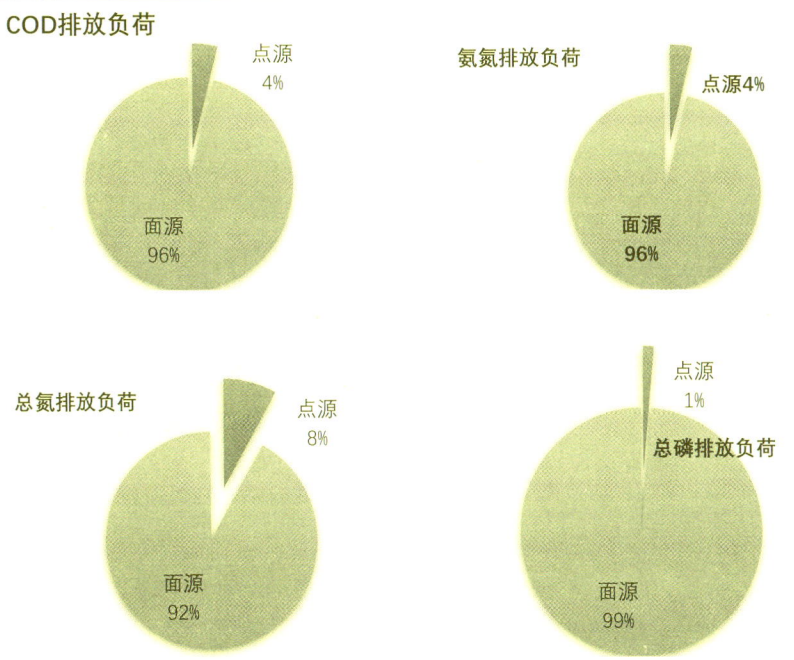

图 4.8　点、面源污染负荷

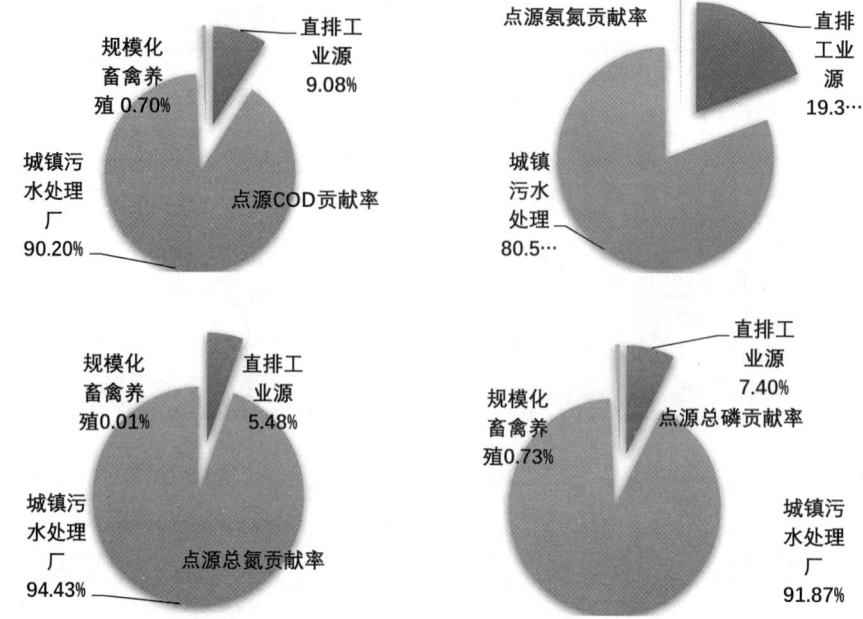

图 4.9 主要污染物点源污染负荷率

4.4.2 点源排放现状分析

结合巡河工作和第二次污染源普查数据，完成辽河水系涉水污染源排污口落图，开展辽宁省辽河流域涉水企业的筛查，依据企业排污口位置、受纳水体、企业污染排放情况，将主要污染企业按照调整后的控制单元落图，并逐一开展污染排放状况分析。

2018年，辽河水系直排工业源有170家，主要集中在建筑建材及陶瓷品制造、牲畜屠宰和食品加工等行业，其中建筑建材及陶瓷品制造有83家，占企业总数的40.49%；牲畜屠宰48家，占23.41%；其次是能源开采石油加工行业和食品加工行业分别占比为8.78%和8.29%（图4.10）。

各行业化学需氧量（COD）排放贡献率不同，贡献率最大的行业是能源开采及石油加工行业，占比为83%；其次是牲畜屠宰，占比为11%（图4.11）。

氨氮排放贡献率与化学需氧量（COD）基本一致，贡献率最大的行业是能源开采及石油加工行业，占比为75%；其次是牲畜屠宰，占比为22%（图4.12）。

总磷排放贡献率最大的行业是牲畜屠宰，占比为65%；其次是能源开采及石油加工行业，占比为35%。总氮贡献率最大的行业是能源开采及石油加工行业，占比为66%；其次为牲畜屠宰，占比32%（图4.13，图4.14）。

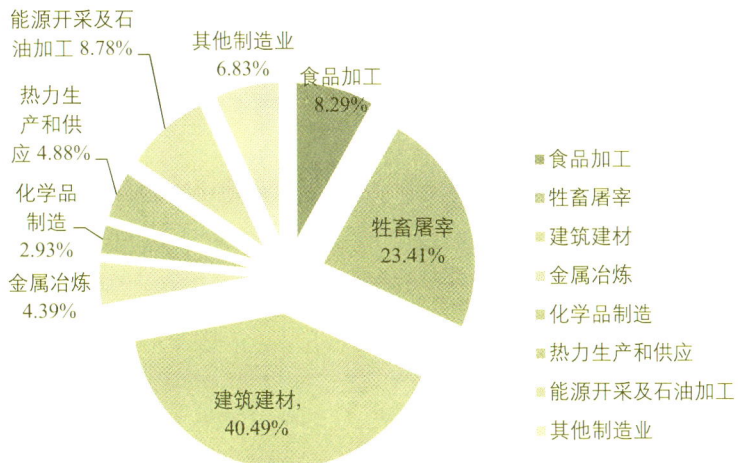

图 4.10　辽河水系各行业企业数量占比

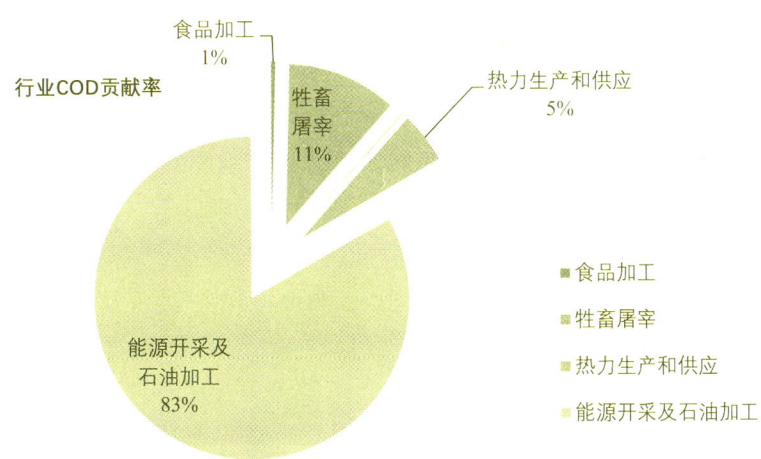

图 4.11　辽河水系各行业化学需氧量（COD）贡献率

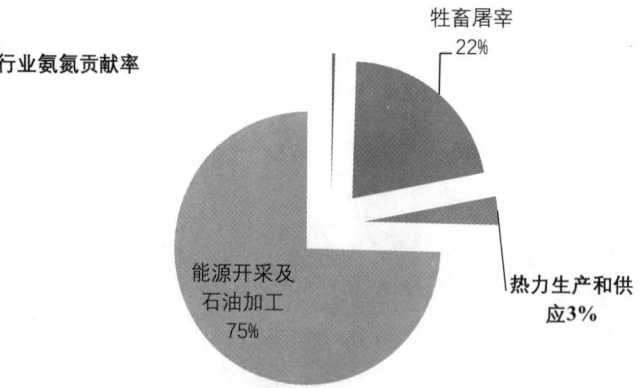

图4.12　辽河水系各行业氨氮贡献率

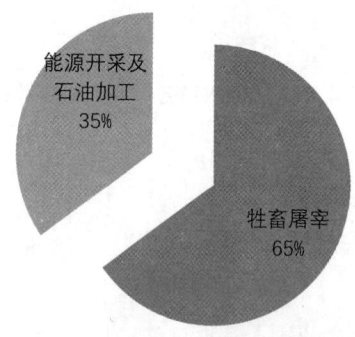

图4.13　辽河水系各行业总磷贡献率

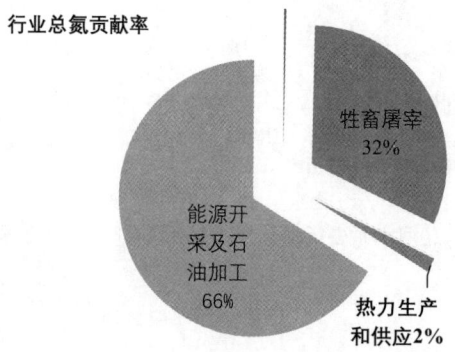

图4.14　辽河水系各行业总氮贡献率

4.4.3 减排潜力分析

辽河水系上游主要以农业生产为主，面源所占比重较大，占排放总量的 96%~99%，因此提高流域集约化畜禽养殖水平，加强农业农村污染治理，规范农药化肥使用量，加强面源污染治理是流域污染减排的关键。

辽河水系的点源中城镇污水厂占点源污染负荷 85%~90%，执行一级 A 标准的污水处理厂中仅占 41%，因此优化污水厂处理工艺，增加深度处理设备设施，推进污水厂提标改造，可以促进流域污染减排（表 4.2）。

在直排工业源中，位于上游的牲畜屠宰行业和下游的能源开采及石油加工行业污染负荷较大，是流域重点源（表 4.3）。

表 4.2 辽河水系未达到一级 A 排放标准的污水处理厂

序号	污水处理厂名称	处理工艺	执行标准
1	沈阳振兴环保工程有限公司	A2/O 工艺	
2	盘锦明源环境工程有限公司	物理处理法	
3	坝墙子镇污水处理厂	A2/O 工艺	二级
4	黑山县大虎山镇污水处理厂	氧化沟类	二级
5	中信环境水务（新民）有限公司	A2/O 工艺	一级 B
6	昌图远达水务有限公司	A/O 工艺	一级 B
7	黑山北方清源水务有限公司	A/O 工艺	一级 B
8	西丰县污水处理厂	A2/O 工艺	一级 B
9	盘锦北控环保有限公司	物理处理法	一级 B
10	盘山县城镇污水处理厂	A/O 工艺	一级 B
11	高升镇污水处理厂	SBR 类	一级 B
12	唐家镇污水处理厂	物理处理法	一级 B
13	西丰县公合特色工业园区污水处理厂		一级 B
14	新立镇污水处理厂	A/O 工艺	一级 B
15	榆树街道污水处理厂	物理处理法	一级 B
16	胡家镇污水处理设施	A2/O 工艺	一级 B
17	东风镇污水处理厂	物理处理法	一级 B
18	赵圈河镇污水处理厂	SBR 类	一级 B
19	甜水镇污水处理设施	A2/O 工艺	一级 B
20	沈阳天源水处理有限公司	物理化学处理法	一级 B
21	王家街道污水处理厂	物理处理法	一级 B

表 4.3　辽河水系污染负荷较大的畜禽养殖屠宰企业

序号	企业名称	COD排放量（吨）	氨氮排放量（吨）	总氮排放量（吨）	总磷排放量（吨）
1	新民市瑞涛养殖场	11.97	1.05	13.09	1.05
2	新民市正良牛羊屠宰场	7.2873	0.2433	6.2653	0.4873
3	台安县生猪定点屠宰九厂	7.3639	1.2682	4.8656	0.1928
4	台安县生猪定点屠宰三场	0.7954	0.1544	2.1816	0.1735
5	台安县畜禽定点屠宰八厂	2.8857	0.3664	0.6871	0.1604
6	台安县畜禽定点屠宰二厂	0.1134	0.0181	0.63	0.09
7	盘锦腾飞肉类食品有限责任公司	1.596	0.0264	0.918	0.0612
8	铁岭市银州区华兴肉联厂	4.8164	0.4722	0.85	0.0567
9	铁岭市银州区吉喜牛羊屠宰厂	3.0396	0.3108	0.5812	0.0466
10	铁岭县新台子镇井宽生猪屠宰点	11.97	1.05	13.09	1.05

第五章　基于水环境改善目标的排放限值分析

5.1　技术方法路线

分析研究方法采用模型法。即，基于 MIKE11 水质模型，研究特定水体中污染物的迁移转化规律以期为 Petri 网模型构建提供基础。建立 NAM 模块，用来模拟流域内的降雨径流过程，为河网水动力模块提供基础；通过建立 HD 模块，模拟出河道各个断面、各个时刻的水位和流量等水文要素信息和各种水工调控方案对河道水文条件的影响；以上面模块的建立为基础，建立 AD 和 Ecolab 模块，模拟并预测出污染物在特定水体中的迁移转化规律和浓度变化过程（图 5.1，图 5.2）。

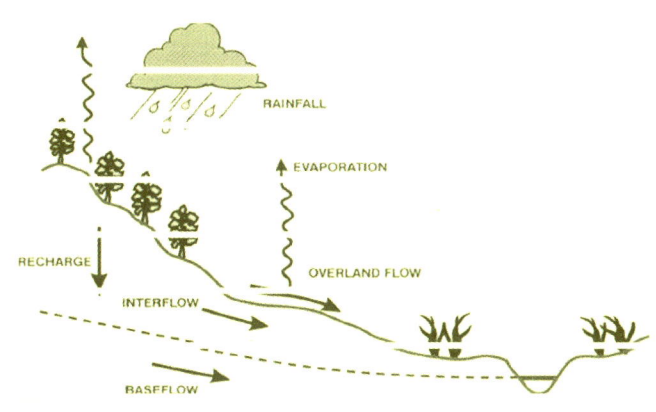

图 5.1　MIKE11 模型模拟原理

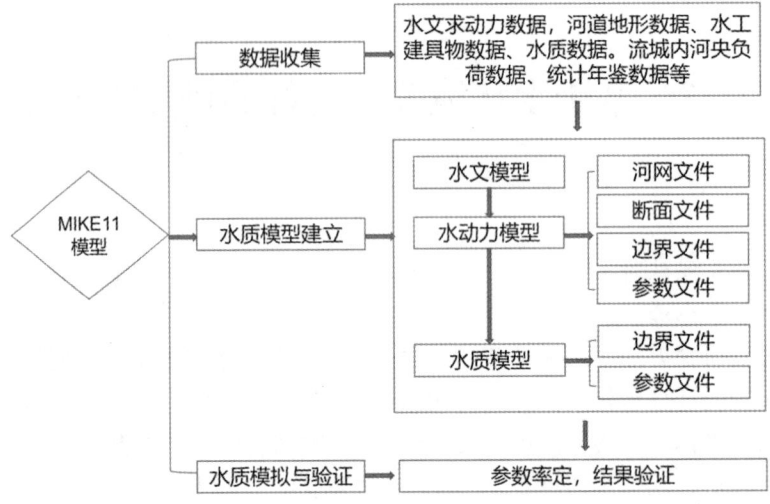

图 5.2　MIKE11 模型技术路线

5.2　数据收集

（1）水文动力数据

包括流域数字高程图（DEM），辽宁 1:250000 地图（政区、地形等高线、高程点、水系、自然保护区等矢量图）、基于 google earth 的辽河流域卫星图和辽河流域年鉴（主要雨量站及蒸发站的日降雨蒸发数据、主要水文站及水位站的日流量水位数据、部分断面数据以及几个重要中型水库的水文要素信息）等。

（2）水质监测数据

流域内几个主要水质监测站点的监测数据，用来评估研究范围内水系的水质变化情况和进行水质模型的搭建和率定。

（3）流域内污染负荷数据

包括研究河流的点源位置及具体排放信息、面源排放信息及分布等，以用于水质模型的基本输入，同时作为水质场景分析的基础。

5.3 模型模块构建

5.3.1 NAM（降雨径流）模块

是否存在降雨对于河道水量的平衡和污染物迁移扩散是很重要的，通过降雨，一部分补给了河流的径流，另一部分通过土壤渗入地下，补充了地下水，降雨的蒸发又返回了大气，形成了一个水文循环过程。降雨也会冲刷地面、土壤，将其存在的污染物带入河流内，而降雨量的产生也会稀释河流中原本污染物的浓度。为了建立 NAM 模块，本课题将首先研究降雨、蒸发和河流流量之间的关系，确定模型中各个参数对降雨径流的影响程度，通过对水文循环过程的研究，最终确定降雨量、蒸发量和河流流量之间的关系，为建立 HD 模块提供基础。主要研究点包括：土壤层/根区水层最大含水量、土壤层/根区最大含水量、坡面流系数、坡面流和壤中流时间常数、基流时间常数等参数的率定，积雪储水层、地表储水层、根区储水层和地下储水层间的关系。

（1）数据收集

研究流域内多年雨量站和蒸发站的降雨量和蒸发数据、温度数据（如用融雪模块），水文站点的多年流量数据。

（2）模型理论

NAM 水文模型是一个集总式的确定性概念模型，用于模拟流域内的降雨产汇流过程，为河网水动力模拟提供边界入流。它将土壤含水量分成积雪储水层（Snow storage）、地表储水层（Surface Storage）、浅层或根区储水层（Lower Zone Storage）和地下水储水层（ground water Storage）四个部分，如图所示，分别进行连续计算以模拟流域中各种相应的水文过程。NAM 模型作为 MIKE 11 河流模拟系统的降雨径流模块（RR），既可独自运行，也可以和其他模块耦合计算一个或多个进入河网子流域的旁侧入流。因此，在同一个模拟框架下，NAM 模型可以应用于一个流域或由许多子流域组成的一个较大河流及由河流、渠道构成的复杂河系。

（3）参数率定

NAM 模型的主要参数包括：地表储水层最大含水量 U_{max}，根区储水层最大含水量 L_{max}，坡面流汇流系数 CQOF，壤中流汇流时间 CKIF，坡面流汇流时间 CK1,2，坡面流产流临界值 TOF，壤中流产流临界值 TIF，根区地下水补给临界值 TG 和基流汇流时间 CKBF。如果需要模拟融雪径流，模型参数还包括临界气温 T0 和融雪系数 Csnow。模型的初始条件包括开始时刻流域地表储水层和根区储水层的土壤相对含水量，以及坡面流、壤中流和基流的初始值。

通常，首先率定地表储水层最大含水量 U_{max} 和根区储水层最大含水量 L_{max} 来平衡流域内的水量；其次，率定坡面流汇流系数 CQOF 和坡面流汇流时间 CK1, 2 来调整流量的峰值；最后率定基流汇流时间 CKBF 来调整基流。在这些参数率定完成之后，再进一步确定某个参数值变化是否需要改进率定，并且一次只调整一个参数值，第一次尝试调整时数值改变幅度要大些。

（4）模型验证

作为集总式模型，NAM 模型把每一个子流域作为一个模拟单元，单元内的参数和变量采用单元内的平均值。因此气象资料的给定也是单元内的平均值，其中单元内面平均雨量以各雨量站雨量经面积权重系数加权计算。模型参数具有物理概念，但是无法通过实测获得。因此模型参数必须通过河道水文站历史实测流量资料进行率定。通过模拟值和实测水文站流量的对比，可以对模型进行验证，结果与实测值越吻合，代表模型运行得越稳定、准确。NAM 模型的时间步长灵活，可以是几分钟、几小时或者几天。模拟结果除了可以得到地表径流，还可以得到坡面径流、壤中流和基流模拟结果等等。

5.3.2 HD（水动力）模块

河流的流量变化对污染物的迁移转化和浓度变化是很重要的，一方面河流流量增大，对应河道位置的污染物含量会随之增大；另一方面，由于支流汇入、水源地补水、取水、河道沿程水工建筑物的影响，也会影响河道流量的变化，从而影响了污染物的浓度变化。我们首先将研究水工建筑物对河流流量、水位的影响程度，在此基础上进一步研究河流流量和水位的对应关系，研究不同水位、流量情况下河流糙率的变化情况。本课题将通过建立河网文件、断面文件、边界文件、参数文件结合河流质量平衡、水量平衡方程，最终确定河流水位、流量的对应关系。主要研究点包括：建立河流水量平衡、如何率定不同河道位置的糙率。

（1）数据收集

流域数字高程图（DEM），辽宁 1:250000 地图（政区、地形等高线、高程点、水系、自然保护区等矢量图）、基于谷歌地图（google earth）的辽河流域卫星图；水文数据：辽河流域年鉴（主要水文站及水位站的日流量水位数据、实测大断面数据等）；河道地形数据：包括滩地地形、河道植被等；水工建筑物数据：包括模拟流域内大、中、小型水库工程特性信息、调度规程、闸、坝参数等基本信息。

（2）模型理论

Mike11HD 模型是基于垂向积分的物质和动量守恒方程，即一维非恒定流 Saint-Venant 方程组来模拟河流或河口的水流状态。

$$\frac{\partial A}{\partial t} + \frac{\partial Q}{\partial x} = q$$

$$\frac{\partial Q}{\partial t} + \frac{\partial (\alpha \frac{Q^2}{A})}{\partial x} g + gA \frac{\partial h}{\partial x} + \frac{gn^2 Q|Q|}{AR^{4/3}} = 0$$

式中：x、t 分别为计算点空间和时间的坐标，A 为过水断面面积，Q 为过流流量，h 为水位，q 为旁侧入流流量，C 为谢才系数，R 为水力半径，α 为动量校正系数，g 为重力加速度。

方程组利用 Abbott-Ionescu 六点隐式有限差分格式求解，如图所示。该格式在每一个网格点不同时计算水位和流量，而是按顺序交替计算水位或流量，分别称为 h 点和 Q 点。Abbott-Ionescu 格式具有稳定性好、计算精度高的特点。离散后的线形方程组用追赶法求解。

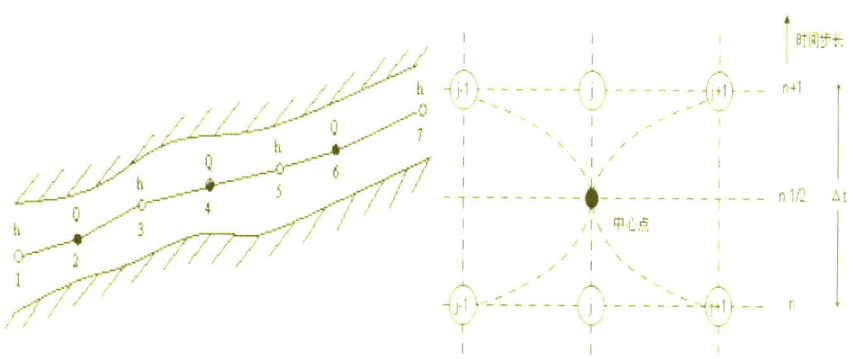

①连续性方程求解：

对每一 h 点求解连续性方程。h 点处过流宽度 b_s 可以描述为：

$$\frac{\partial A}{\partial t} = b_s \frac{\partial h}{\partial t}$$

则连续方程可以写为：$\frac{\partial Q}{\partial x} + b_s \frac{\partial h}{\partial t} = q$

这里空间步长上，只有对 Q 求导，如图所示，则在时间步长 $n+1/2$ 时，空间

$$\frac{\partial Q}{\partial x} \approx \frac{\frac{(Q_{j+1}^{n+1}+Q_{j+1}^{n})}{2} - \frac{(Q_{j-1}^{n+1}+Q_{j-1}^{n})}{2}}{\Delta 2x_j}$$

步长对 Q 的导数为：$\dfrac{\partial h}{\partial t} \approx \dfrac{(h_j^{n+1}-h_j^{n})}{\Delta t}$

而 b_s 又可以写为：$b_s = \dfrac{A_{o,j}+A_{o,j+1}}{\Delta 2x_j}$

式中 $A_{o,j}$ 为计算点 $j-1$ 和 j 之间的面积，$A_{o,j+1}$ 为计算点 j 和 $j+1$ 之间的面积，$\Delta 2x_j$ 为计算点 $j-1$ 和 $j+1$ 之间的空间步长。将以上各式代入连续性方程得出：

$$\alpha_j Q_{j-1}^{n+1} + \beta_j h_j^{n+1} + \gamma_j Q_{j+1}^{n+1} = \delta_j$$

式中 α，β，γ 是 b 和 δ 的函数，并随 n 时刻 Q 和 h 及 $n+1/2$ 时刻 Q 的大小而变化。

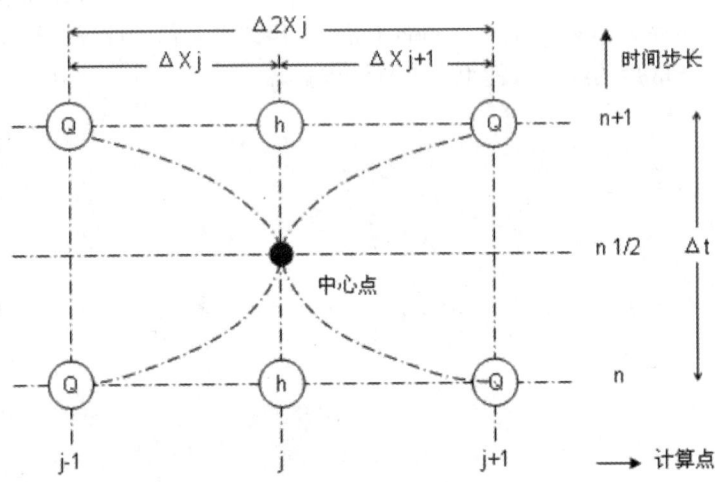

点 Abbott 格式求解连续性方程

②动量方程的求解：对每一个 q 点求解动量方程，如图所示。

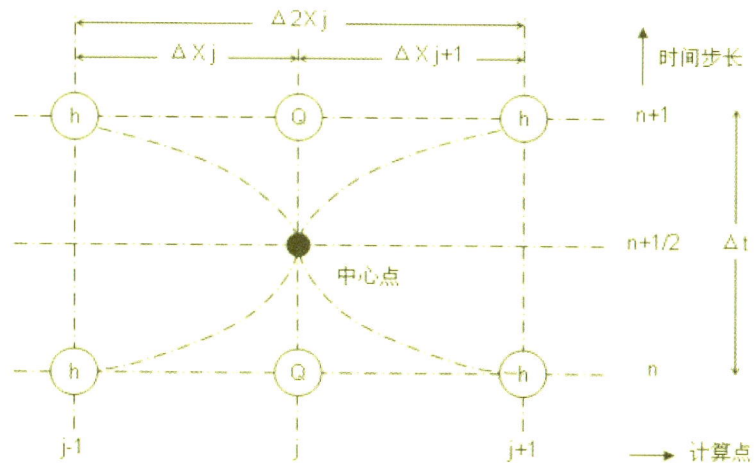

点 Abbott 格式求解动量方程

通过数值变换，动量方程可以写为：

$$\alpha_j Q_{j-1}^{n+1} + \beta_j h_j^{n+1} + \gamma_j Q_{j+1}^{n+1} = \delta_j$$

式中（各参数符合意义同上）。

$$\alpha_j = f(A)$$
$$\beta_j = f(Q_j^n, \Delta t, \Delta x, C, A, R)$$
$$\gamma_j = f(A)$$
$$\delta_j = f(A, \Delta x, \Delta t, \alpha, q, v, \theta, h_{j-1}^n, Q_{j-1}^{n+1/2}, Q_j^n, h_{j+1}^n, Q_{j+1}^{n+1/2})$$

（3）参数率定

HD 模块主要的率定参数为糙率。河道糙率主要取决于河床的形状，与水深有一定关系，但很小，在大部分情况下不考虑跟水深的关系，对于河网来说，一般洪水时的糙率要大于平水期和枯水期的糙率，因为洪水期往往漫滩，而且河道相对没有那么顺直，滩地糙率及河道变形系数较大均可导致河床糙率增大。HD 模块中可以对不同河段，不同位置的断面分别设置糙率。

（4）模型验证

通过建立河网文件、段面文件、边界文件、参数文件，模拟出水文站点处的流量跟时间的变化关系、水位和时间的变化关系，分别将流量、水位的模拟值与实测流量、水位时间序列进行对比分析，曲线越吻合，说明模型率定效果越好、运行越稳定。

5.3.3 AD（对流扩散）模块与 Ecolab 水质模块

模拟不同污染指标，其内部的相互影响作用是不一样的。AD 模块主要模拟物质在水体中的对流和扩散过程，通过设定一个恒定的衰减常数来模拟非保守物质，所以，可以把 AD 模块当作简单的水质模型使用。但对于模拟多个污染组分的情况下，AD 模块已经不满足模拟需求，因为 AD 模块一般无法获得合理的水体溶解氧和温度的模拟结果。Ecolab 是水质和生态模拟的工具，通过用户自己调用原始模板或新建模板来模拟不同污染组分之间的变化关系。模型可以描述物理沉降过程，也可以描述化学、生物、生态过程以及状态变量之间的相互作用。Ecolab 的基础是 NAM 模块、HD 模块和 AD 模块，通过以上 3 个模块的基础上建立 Ecolab 模块，最终模拟出污染物的浓度值，并结合污染源的动态变化情况，模拟并与预测污染物在水体中的浓度变化情况。主要研究点包括：不同模拟组分间的影响关系、各个水质参数的率定。

5.3.4 Ecolab 水质模块

在模拟组分比较简单，相对之间影响较小的情况下，一般建立 AD（对流扩散）模块就可以满足水质模拟的需求，但实际情况中，模拟的组分涉及重金属、生化需氧量（BOD）、化学需氧量（COD）、溶解氧等，相互作用关系复杂，所以本课题以 AD 模块为基础，建立 Ecolab 模块来更加精确地模拟特定水体中污染物的迁移转化规律和浓度变化情况。

（1）数据收集

水质数据：流域内几个主要水质监测站点的监测数据；流域内污染负荷数据：包括研究河流的点源位置及具体排放信息、面源排放信息及分布等；统计年鉴数据：包括流域内人口信息、土地利用等信息；当地相关部门的研究成果及流域信息报告等。

（2）模型理论

①AD 模块理论：MIKE 11AD 是 MIKE 系列软件中对水体中的可溶性物质和悬浮性物质对流扩散过程进行模拟的工具，它根据 HD 模块产生的水动力条件，应用对流扩散方程进行计算。可以通过设定一个恒定的衰减常数模拟非保守物质，所以可作为简单的水质模型使用。但在 MIKE 11 软件系列中真正的水质模型和生态模型是 ECO Lab。ECO Lab 可以模拟水体中物质组分的生物、化学和物理反应过程，使用时需要与 MIKE11 AD 相耦合。MIKE11

AD 模型采用一维河流水质模型的基本方程为：

$$\frac{\partial C}{\partial t} + u\frac{\partial C}{\partial x} = \frac{\partial}{\partial x}\left(E_x \frac{\partial C}{\partial x}\right) - KC$$

式中 C 为模拟物质的浓度；u 为河流平均流速；E_x 为对流扩散系数；K 为模拟物质的一级衰减系数；x 为空间坐标；t 为时间坐标。

对流扩散系数是一个综合参数项，包含了分子扩散、湍流扩散以及剪切扩散效应。而在数值模型中，扩散系数除了和物理背景相关之外，还和计算空间大小、时间步长等相关。MIKE11 AD 模型通过经验公式来估算对流扩散系数：

$$E_x = aV^b$$

式中 V 是流速，来自水动力计算结果；a 和 b 是用户设定的参数。

在本项目中 MIKE 11 AD 是作为 ECO Lab 模块的基础模块，以构成日常水质模型。

②Ecolab 模块理论：ECO Lab 可用来描述水生态系统中多种物质的相互作用和形态转化过程。该模型与 DHI 水动力学模型和传输扩散模型进行耦合，将对流扩散的传输机理与生物化学反应整合进了水生态的模拟。该程序包可用于河流、湖泊等水质研究、评价和预报。

ECO Lab 采用一套常微分方程对生态系统中物质转化进行描述，并将各种形态转化过程及其相互作用存贮在通用模板中提供给用户。用户可以根据需要直接调用这些模板，也可以修改甚至建立新模板。用于一维河道水质模拟的 ECO Lab 预定义模板可分为六个级别，用户可根据实际情况来选用。有关 ECO Lab 的更多详细描述请参见 ECO Lab 技术文件。

（3）参数率定

污染物在水体中发生各种物理、化学和生物反应过程，水质模型是对这些反应过程的定量和概化的描述。另外，在空间上一维模型将三维的反应过程概化为一维。因此尽管水质模型参数一般都具有明确的物理概念，理论上其数值可通过试验获得，但实际上仍须通过现场实测资料率定获得。水质模型的率定方法主要是在合理的范围内调整水质模型参数值，从而使模拟结果与实测值尽量吻合，并对输入的污染负荷量进行检验、修正（表 5.1）。

（4）模型验证

通过建立边界文件、参数文件，在 AD 模块的基础上建立 Ecolab 水质模块，可以模拟出相关断面处各个污染物指标的浓度随时间的变化关系，通过与流域内监测站数据或相关断面处实测监测数据的对比,来进行模型的验证,模拟值与实测值越吻合,代表模型模拟结果越准确,运行得越稳定。

表 5.1 水质模型的基本率定参数

参数	取值	单位
复氧系数	Churchill 公式	Day-1
底泥需氧量	0.50	$g/m^2/day$
20°C CODcr 一级降解速率	0.10	1/day
20°C BOD_5 一级反应速率	0.12	1/day
20°C 硝化一级反应速率	0.6	1/day
20°C 反硝化反应速率	1.0	1/day
有机物沉积/再悬浮的临界流速	1	m/s
化学需氧量(COD)再悬浮速率	0.02	$g/m^2/day$
化学需氧量(COD)沉降速率	0.05	m/day

5.4 优控单元排放限值分析

5.4.1 亮子河铁岭市控制单元

运用 MIKE11 模型对亮子河铁岭控制单元开展模拟如图 5.3—5.8 所示。

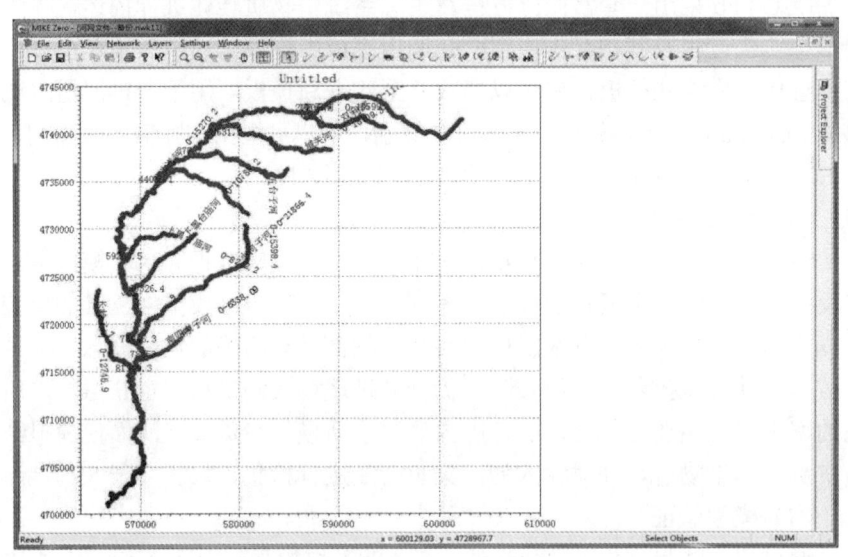

图 5.3 亮子河河网分布图

第五章 基于水环境改善目标的排放限值分析 ·73·

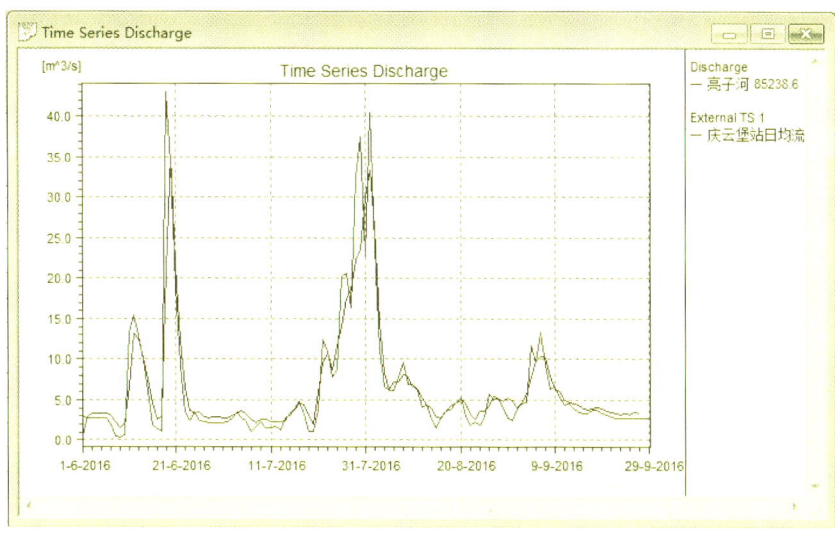

图 5.4 亮子河水动力模拟结果

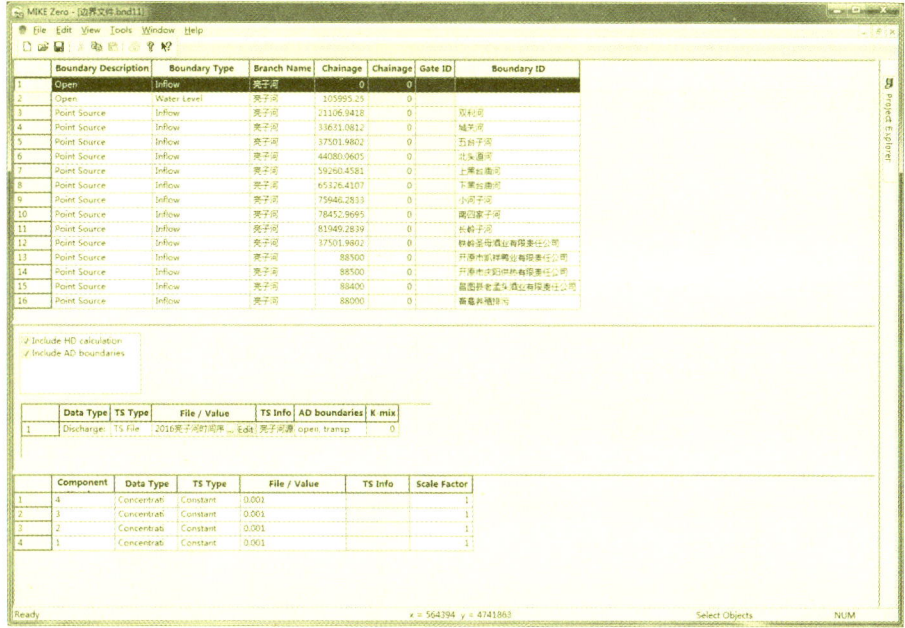

图 5.5 亮子河水动力率定边界条件

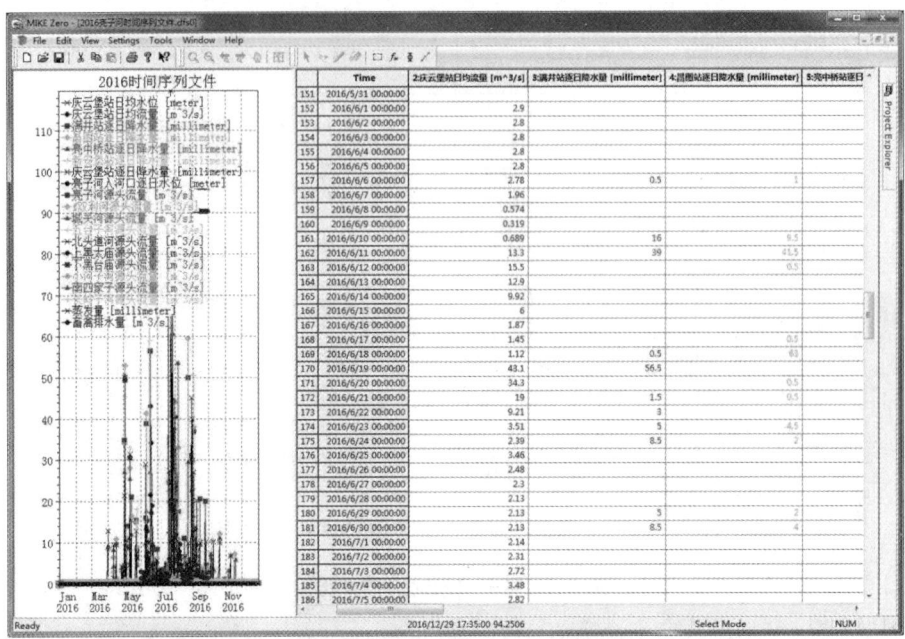

图 5.6 亮子河水文数据时间序列

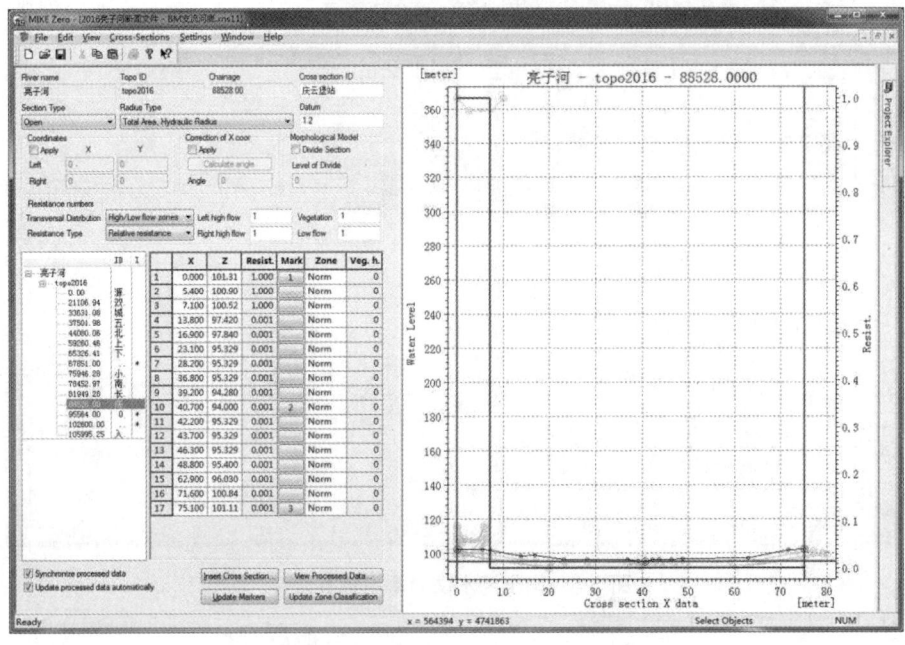

图 5.7 亮子河支流汇入断面横截面

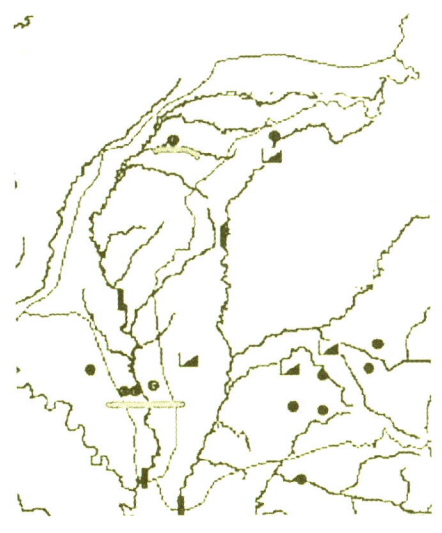

图 5.8 亮子河点源分布情况

依据 2017 年环境统计数据,亮子河铁岭控制单元中共有 3 家企业,其中 2 家企业是牲畜、禽类屠宰,1 家企业是热力生产和供应。通过模拟计算出亮子河铁岭市控制单元点源主要污染物的排放限值(表 5.2)。

表 5.2　亮子河单元重点源排放限值

企业名称	行业类别	工业废水排放量（吨）	化学需氧量（COD）排放量（吨）	氨氮排放量（吨）	总氮排放量（吨）	总磷排放量（吨）	化学需氧量（COD）排放限值（mg/L）	氨氮排放限值（mg/L）	总氮排放限值（mg/L）	总磷排放限值（mg/L）
开原市庆阳供热有限公司	热力生产和供应	227.5	0.0	0.0	0.0		2.2	0.2	0.2	
开原市凯祥鸭业有限责任公司	禽类屠宰	23469.3	2.1	0.3	0.5	0.04	82.1	4.4	8.5	0.4
铁岭九星食品集团有限公司	牲畜屠宰	77700.0	10.8	1.6	2.4	0.20	172.5	6.9	13.3	0.5

5.4.2 沈阳马虎山控制单元

运用 MIKE11 模型对沈阳马虎山控制单元开展模拟如图 5.9—5.15 所示。

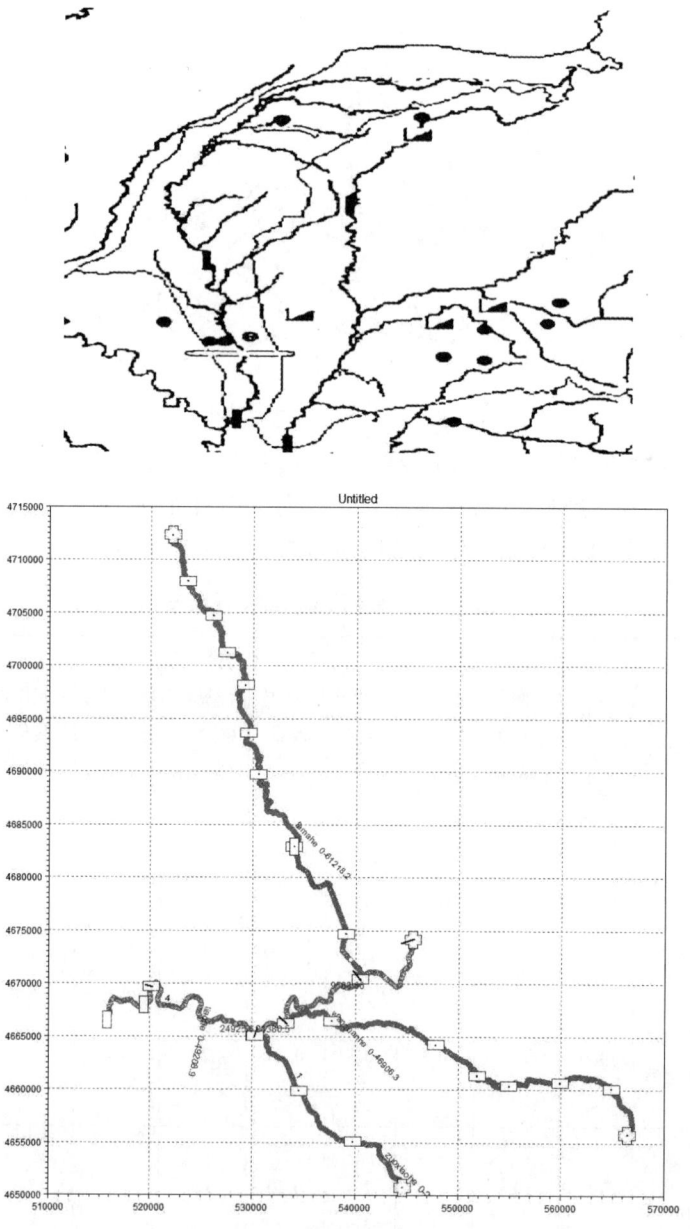

图 5.9 沈阳马虎山控制单元河网

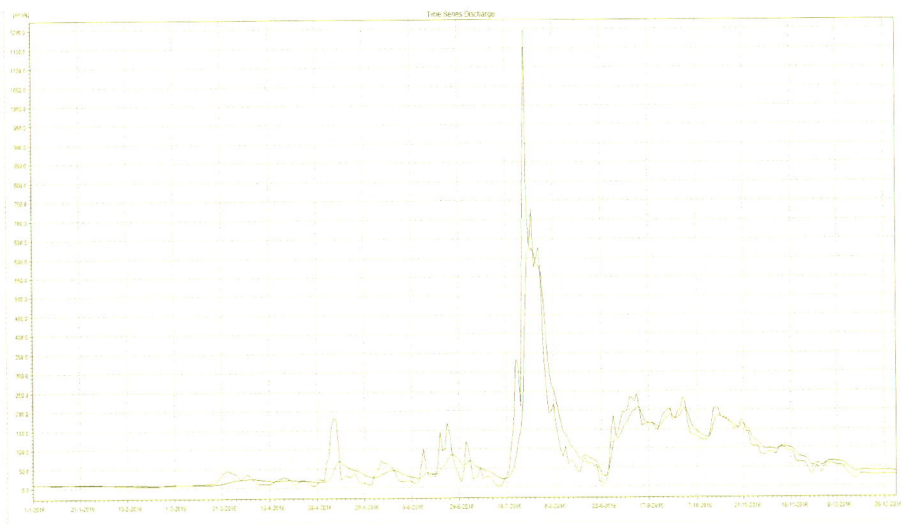

图 5.10　沈阳马虎山控制单元流量模拟

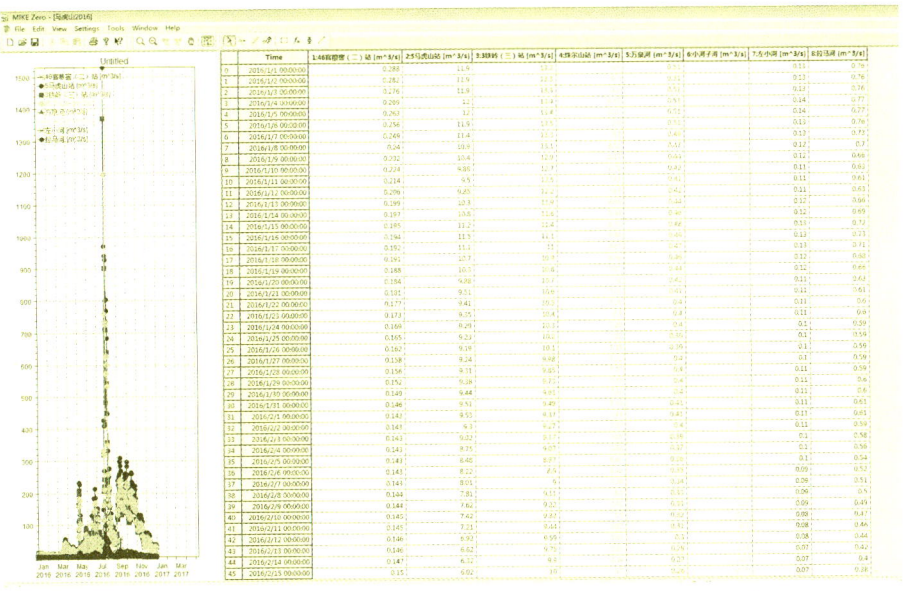

图 5.11　沈阳马虎山控制单元水文数据时间序列

5.4.3 清河铁岭市清辽控制单元（73B）

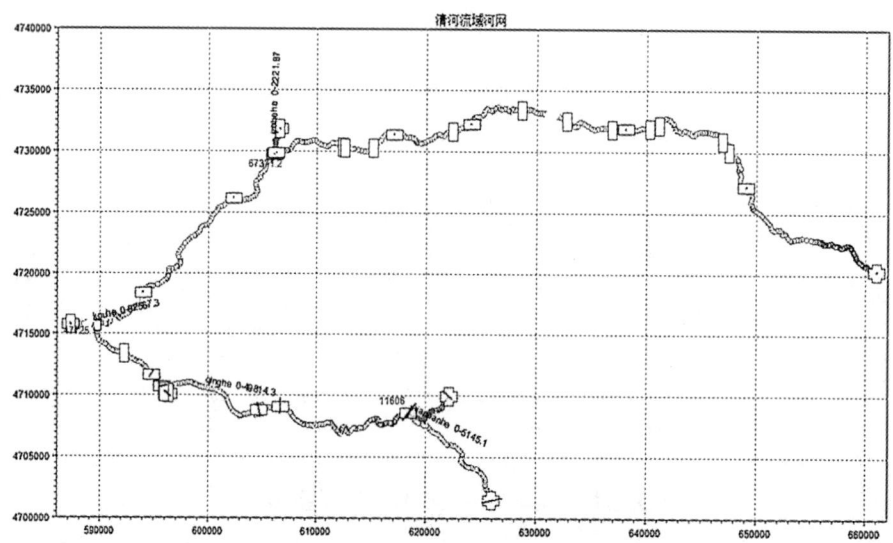

图 5.12 清河铁岭市清辽控制单元河网

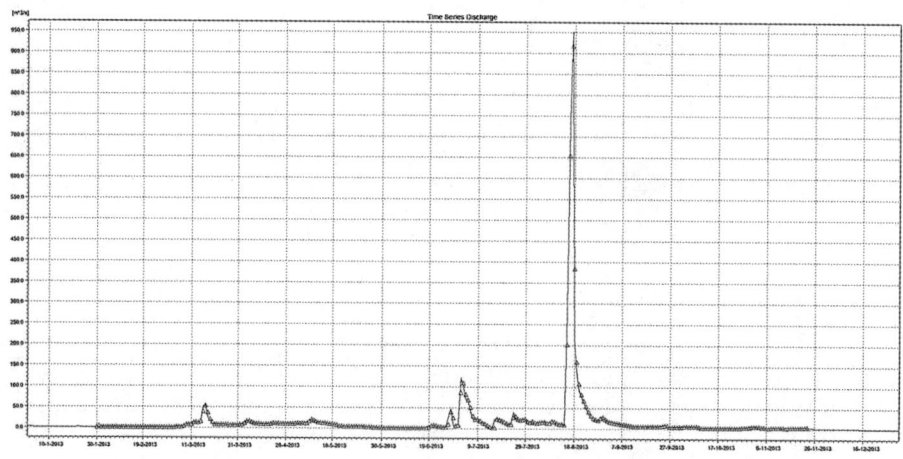

图 5.13 清河模拟流量和实测值对比

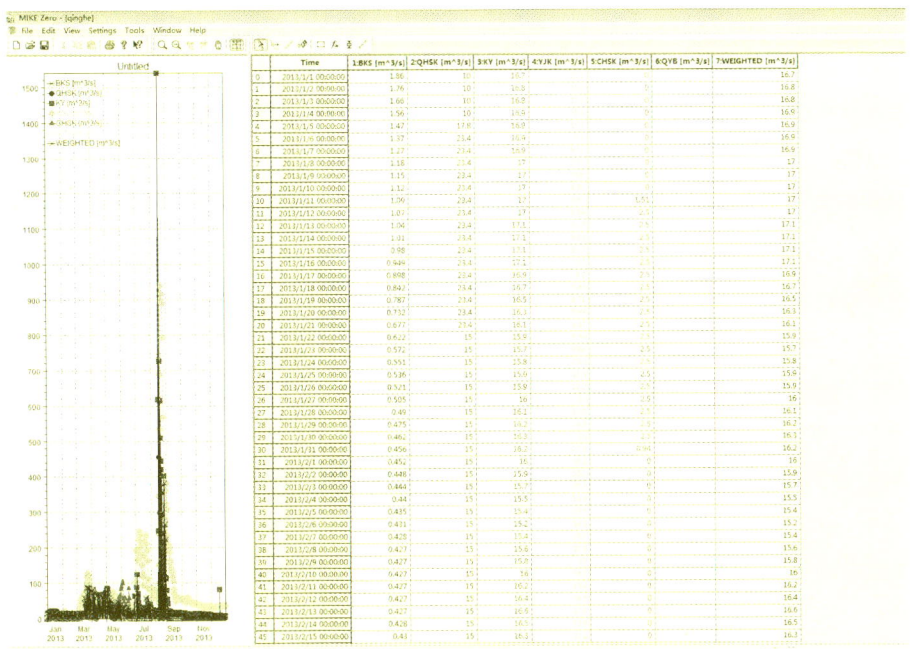

图 5.14 清河铁岭市清辽控制单元水文数据时间序列

图 5.15 清河流域污染源空间分别

第六章 辽河水系污染物排放标准设定

6.1 污染物控制项目选择

基于辽河水系水环境及流域行业污染特征，以流域水环境质量改善为核心，着力控制流域地表水断面超标因子，兼顾指标的"可量化、可监测"的原则，筛选确定本标准控制因子。

在对辽河水系的水环境现状分析的基础上，本标准将化学需氧量、氨氮、总磷、色度等水质指标作为具体的控制指标。

6.2 排放限值确定

基于控制单元水环境容量和主要污染物水生态承载力计算结果，制定控制单元主要污染物排放限值；与现行标准充分衔接；结合新形势下水环境管理的新要求，制定科学合理的排放限值；与国内其他省份流域型排放标准进行对比分析；结合流域污染特征，经济发展水平制定限值。

辽河水系主要污染物排放限值的确定是在对流域水环境特征充分调研的基础上，对控制单元水环境问题进行识别，开展流域控制单元划分，基于流域水环境质量现状与发展趋势，结合各类污染源排放情况，识别出流域重点污染源；选择适合的水质模型对主要污染物排放限值进行分析，计算各类污染物减排量并开展技术经济论证。

6.2.1 计算原理及方法

本研究采用 MIKE11 水质模型，与一维水质模型相结合的方法模拟特定水体中污染物的迁移转化规律。MIKE11 水质模型建立 NAM 模块，用来模拟流域内的降雨径流过程，为河网水动力模块提供基础；通过建立 HD 模块，模拟出河道各个断面、各个时刻的水位和流量等水文要素信息和各种水工调控方案对河道水文条件的影响；以上面模块的建立为基础，建立 AD 和 Ecolab 模块，模拟并预测出污染物在特定水体中的迁移转化规律和浓度变化过程如

图 6.1 所示。

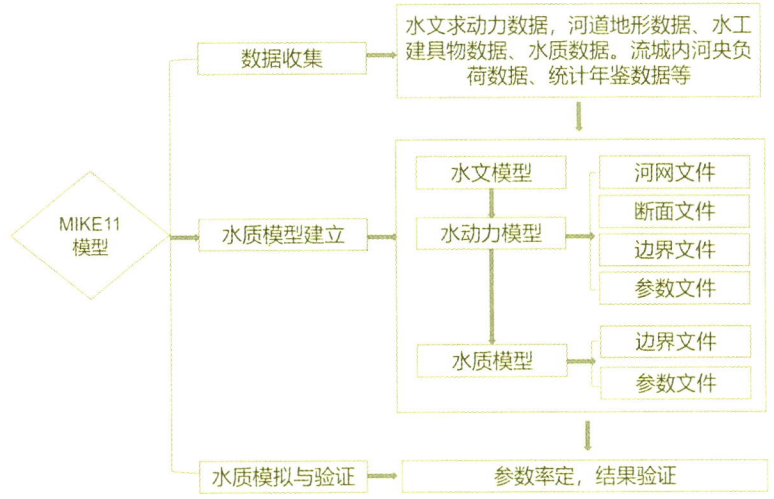

图 6.1 MIKE11 水质模型中的主要模块设计

基于 2017 年环境统计数据计算点源污染负荷，河流通量法计算面源污染负荷。

6.2.2 控制单元污染物水承载能力

应用 MIKE11 模型，结合一维水质模型对辽河水系控制单元主要污染物的水环境容量进行计算（表 6.1）。

表 6.1 辽河水系主要控制单元水环境容量

序号	控制单元名称	主要断面	水质目标	水环境容量（吨/年）		
				化学需氧量（COD）	氨氮	总磷
1	辽河沈阳市三合屯控制控制单元	三合屯	IV	781.6	39.1	7.8
2	招苏台河铁岭市控制单元（No.75）	通江口	V	1766.4	88.3	17.7
3	清河铁岭市清辽控制单元（No.73B）	清辽	IV	2670.6	133.5	26.7
4	寇河铁岭市控制单元（No.76A）	松树水文站	III	1518.39	75.9	15.2

续表

序号	控制单元名称	主要断面	水质目标	水环境容量（吨/年）		
				化学需氧量（COD）	氨氮	总磷
5	亮子河铁岭市控制单元	亮子河入河口	V	1555.62	38.7	15.6
6	辽河铁岭市控制单元	朱尔山	IV	4635.9	115.3	46.4
7	拉马河沈阳市控制单元	拉马桥	IV	224.0	11.2	2.2
8	辽河马虎山控制单元	马虎山	IV	2675.8	133.8	26.8
9	辽河沈阳市巨流河大桥控制单元（No.26B）	巨流河大桥	IV	0.0	0.0	0.0
10	辽河沈阳市巨流河大桥控制单元（No.26A）	养息牧门	IV	0.0	0.0	0.0
11	辽河沈阳红庙子控制单元	红庙子	IV	1661.0	18.6	11.2
12	辽河鞍山市控制单元	盘锦兴安	IV	2698.6	134.9	27.0
13	柳河沈阳市-阜新市控制单元（22B）	长坨子	IV	0.0	0.0	0.0
14	柳河沈阳市-阜新市控制单元（22C）	柳河桥	IV	0.0	0.0	0.0
15	辽河盘锦市曙光大桥控制单元	曙光大桥	IV	650.0	32.5	6.5
16	沙子河锦州市控制单元	沟帮子镇	IV	16.8	0.8	0.2
17	庞家河锦州市控制单元	柳家桥	IV	21.2	1.1	0.2
18	绕阳河盘锦市控制单元	胜利塘	IV	895.1	44.8	9.0
19	辽河盘锦市赵圈河控制单元	赵圈河	IV	0.0	0.0	

6.2.3 控制单元主要污染物现状负荷

基于 2017 年环境统计数据，对辽河水系控制单元主要污染物的现状负荷进行计算（表6.2）。

表 6.2 辽河水系主要控制单元主要污染物现状负荷

控制单元名称	现状负荷（吨/年）						合计		
	面源			点源					
	COD	氨氮	总磷	COD	氨氮	总磷	COD	氨氮	总磷
辽河沈阳市三合屯控制控制单元	1181.8	4.8	9.4	63.6	12.2	0.7	1245.4	17.0	10.1
招苏台河铁岭市控制单元（75）	2546.2	10.4	20.2	18.0	1.7	0.3	2564.3	12.1	20.5
清河铁岭市清辽控制单元（73B）	3045.9	14.6	4.4	977.0	433.4	6.9	4022.9	448.0	11.4
寇河铁岭市控制单元	747.1	3.6	1.1	128.3	60.2	1.5	875.4	63.8	2.6
亮子河铁岭市控制单元	2008.02	81.01	17.69	119.14	21.15	2.55	2127.16	102.16	20.24
辽河铁岭市控制单元	394.7	1.9	0.6	2111.7	736.0	27.1	2506.5	737.9	27.7
拉马河沈阳市控制单元	1892.2	2.1	3.3	0.7	0.0	0.0	1892.9	2.1	3.3
辽河马虎山控制单元	4140.9	4.5	7.3	472.7	162.1	6.6	4613.6	166.6	14.0

续表

控制单元名称	现状负荷（吨/年）						合计		
	面源			点源					
	COD	氨氮	总磷	COD	氨氮	总磷	COD	氨氮	总磷
辽河沈阳市巨流河大桥控制单元（2B）	1623.7	6.1	10.0	7.8	0.1	0.0	1631.4	6.2	10.0
辽河沈阳市巨流河大桥控制单元（2A）	1168.5	4.4	7.2	83.0	33.8	1.2	1251.5	38.2	8.4
辽河沈阳红庙子控制单元	2424.7	15.0	24.5	143.1	65.9	3.0	2567.9	81.0	27.5
辽河鞍山市控制单元	3071.5	1.0	1.7	30.9	1.8	0.1	3102.4	2.8	1.7
柳河沈阳市-阜新市控制单元（22B）	928.9	3.5	5.7	7.8	0.8	1.4	936.8	4.3	7.1
柳河沈阳市-阜新市控制单元（22C）	309.6	1.2	1.9	0.0	0.0	0.0	309.6	1.2	1.9
辽河盘锦市曙光大桥控制单元	2552.7	2.2	3.6	2258.2	806.9	142.1	4811.0	809.1	145.7
沙子河锦州市控制单元	14.4	1.2	1.6	521.2	263.3	9.8	535.7	264.5	11.4

续表

控制单元名称	现状负荷（吨/年）						合计		
	面源			点源					
	COD	氨氮	总磷	COD	氨氮	总磷	COD	氨氮	总磷
庞家河锦州市控制单元	18.2	1.5	2.0	336.7	110.2	6.9	354.8	111.7	8.9
绕阳河盘锦市控制单元	767.8	64.6	82.8	19.5	1.3	0.1	787.4	65.9	82.8
辽河盘锦市赵圈河控制单元	231.1	21.0	11.7	325.2	42.3	32.5	556.2	63.3	44.3

6.2.4 控制单元关键污染物水环境承载力

控制单元主要污染物水环境承载力为流域主要污染物水环境容量与现状负荷的差值（表6.3）。

表6.3 辽河水系主要控制单元主要污染物水环境承载力

控制单元名称	主要断面	水质目标	现状水质（2019）	水环境承载力（吨/年）		
				COD	氨氮	总磷
辽河沈阳市三合屯控制控制单元	八家子河入河口	V	IV	-463.8	22.1	-2.2
招苏台河铁岭市控制单元（75）	通江口	V	劣V	-797.8	76.2	-2.9
清河铁岭市清辽控制单元（73B）	清辽	IV	IV	-1352.3	-314.5	15.4
寇河铁岭市控制单元	松树水文站	III	IV	-873.8	12.1	12.6
亮子河铁岭市控制单元	亮子河入河口	V	V	-710.73	-31.34	-6.08

续表

控制单元名称	主要断面	水质目标	现状水质（2019）	水环境承载力（吨/年）		
				COD	氨氮	总磷
辽河铁岭市控制单元	朱尔山	IV	IV	2129.5	-622.6	18.7
拉马河沈阳市控制单元	拉马桥	IV	IV	-1669.0	9.1	-1.1
辽河马虎山控制单元	马虎山	IV	IV	-1937.8	-32.8	12.8
辽河沈阳市巨流河大桥控制单元（2B）	秀水桥/旧门桥	IV		0.0	0.0	0.0
辽河沈阳市巨流河大桥控制单元（2A）	养息木门	IV		0.0	0.0	0.0
辽河沈阳红庙子控制单元	红庙子	IV	IV	-906.9	-62.3	-16.2
辽河鞍山市控制单元	盘锦兴安	IV	V	-403.8	132.2	25.2
柳河沈阳市-阜新市控制单元（22B）	长坨子	IV		0.0	0.0	0.0
柳河沈阳市-阜新市控制单元（22C）	柳河桥	IV		0.0	0.0	0.0
辽河盘锦市曙光大桥控制单元	曙光大桥	IV	V	-4161.0	-776.6	-139.2
沙子河锦州市控制单元	沟帮子镇	IV		-518.8	-263.6	-11.2
庞家河锦州市控制单元	柳家桥	IV	劣V	-333.6	-110.6	-8.7
绕阳河盘锦市控制单元	胜利塘	IV	V	107.8	-21.1	-73.9
辽河盘锦市赵圈河控制单元	赵圈河	IV	V	0.0	0.0	0.0

6.2.5 控制项目确定

（1）直接排放的水污染物重点控制项目

直接排放的水污染物重点控制项目包括色度（稀释倍数）、悬浮物（SS）、化学需氧量（CODcr）、五日生化需氧量（BOD$_5$）、总氮（以 N 计）、氨氮（NH$_3$-N）、总磷（以 P 计）、石油类、挥发酚、硫化物、总氰化物（按 CN-计）、氯化物（以 Cl-计）、pH、粪大肠菌群数（个/L）、动植物油。

依据辽河水系污染排放特征，对照 08 版水污染物综合排放标准，直接排放水污染物控制项目进行了调整，增加了 3 项指标，分别是 pH、粪大肠菌群数和动植物油。同时，调整了 7 项指标的限值（表 6.4）。

表 6.4 直接排放水污染物控制项目调整情况

指标	调整依据
pH	参照《污水综合排放标准》（GB8978-1996）、《屠宰及肉类加工工业水污染物排放标准》（征求意见稿）以及《石油化学工业污染物排放标准》（GB31571-2015）；在工业污水处理中微生物的生命活动、物质代谢与 pH 值有密切关系，基于国家及行业污水排放标准都对 pH 指标有明确要求，故此标准新增 pH 指标项。
粪大肠菌群数	辽河流域畜禽养殖、屠宰及肉类加工行业企业较多，水中微生物污染很大程度上来源于畜禽养殖业的人畜粪便，因此有必要添加此控制项目。《肉类加工工业水污染物排放标准》（GB13457-1992）是现行的行业标准，由于制定年代久远，很难满足现在水环境管理需求。参照《屠宰及肉类加工工业水污染物排放标准》（征求意见稿）：现有企业 2021 年 7 月 1 日起执行限值 4000 个/L，新建企业 2019 年 7 月 1 日起，现有企业 2024 年 1 月 1 日起执行 3000 个/L，按照地标严于行标的原则，制定粪大肠菌群数指标为 3000 个/L。
动植物油	辽河上游屠宰及肉类加工企业较多，动植物油是行业特征污染物，对水环境影响较大，因此添加这一控制项目。《肉类加工工业水污染物排放标准》（GB13457-1992）是现行的行业标准，对照其中的控制项目限值，由于制定年代久远不能满足现状水环境管理的需求。参考《屠宰及肉类加工工业水污染物排放标准》（征求意见稿）：现有企业 2021 年 7 月 1 日起执行限值 10mg/L，新建企业 2019 年 7 月 1 日起，现有企业 2024 年 1 月 1 日起执行 3mg/L，按照地标严于行标的原则，制定动植物油限值为 3mg/L。

续表

指标	调整依据
悬浮物	悬浮物作为衡量水体污染程度的基本指标之一，是造成水体浑浊的主要原因，水体中的有机悬浮物沉积后易厌氧发酵，使水质恶化。原辽宁省《污水综合排放标准》（DB21/1627-2008）最高允许排放浓度为 20 mg/L，现参照《城镇污水处理厂污染物排放标准》（GB18918-2002）一级 A 标准调整为 10 mg/L。

（2）直接排放的水污染物一般控制项目

直接排放的水污染物一般控制项目包括硼、总钼（按 Mo 计）、总钒、总钴、苯乙烯、乙腈、甲醇、水合肼、丙烯醛、吡啶、二硫化碳、丁基黄原酸盐（表 6.5）。

表 6.5 直接排放的水污染物一般控制项目排放限值（单位：mg/L）

序号	污染物名称	适用范围	排放限值	污染物排放监控位置
1	硼	排污单位	2.0	污水总排口
2	总钼（按 Mo 计）	排污单位	1.5	污水总排口
3	总钒	排污单位	1.0	污水总排口
4	总钴	排污单位	0.5	污水总排口
5	苯乙烯	排污单位	0.2	污水总排口
6	乙腈	排污单位	2.0	污水总排口
7	甲醇	排污单位	3.0	污水总排口
8	水合肼	排污单位	0.2	污水总排口
9	丙烯醛	排污单位	0.5	污水总排口
10	吡啶	排污单位	0.5	污水总排口
11	二硫化碳	排污单位	1.0	污水总排口
12	丁基黄原酸盐	排污单位	0.1	污水总排口

（3）间接排放的水污染物控制项目

间接排放的水污染物控制项目包括：水温、色度（稀释倍数）、悬浮物（SS）、化学需氧量（CODcr）、pH、总氮、氨氮（NH_3-N）、总磷（以 P 计）、动植物油、石油类、挥发酚、阴离子表面活性剂（LAS）、硫化物、总氰化物（按 CN-计）、氯化物（以 Cl-计）、硼、总钼（按 Mo 计）、总钒、乙腈、甲醇、丙烯醛、吡啶、丁基黄原酸盐、苯乙烯、总钴、五日生化需氧量（BOD_5）、二硫化碳、水合肼。

依据辽河水系污染排放特征，对间接排放水污染物控制项目进行了调整，增加了 4 项指标，分别是水温、pH、动植物油和阴离子表面活性剂（表 6.6）。

表 6.6　间接排放水污染物控制项目调整情况

指标	调整依据
水温	水温对污水处理厂影响巨大，污水处理绝大部分都采用微生物生化处理。绝大部分微生物的正常生存的温度都在 0-35 度之间。超出这个范围绝大部分微生物的活动会受到抑制，甚至死亡。因此，参考国内其他城市的污排标准，增加此指标
PH	参考污水综合排放标准
动植物油	辽河流域屠宰及肉类加工企业较多，旧版 1992 年标准已经年代较长，不能满足现状环境管理的要求，因此有必要添加此污染因子
阴离子表面活性剂	参考综合排放标准，二级标准，阴离子表面活性剂（LAS）属于生物难降解物质，它的广泛使用，不可避免地对水环境造成了污染，在我国环境标准中把它列为第二类污染物质。表面活性剂被使用后最终大部分形成乳化胶体状物质随着废水排入自然界，进入水体后，与其他污染物结合在一起形成具有一定分散性的胶体颗粒，对工业废水和生活污水的物化、生化特性都有很大影响。阴离子表面活性剂具有抑制和杀死微生物的作用，而且还抑制其他有毒物质的降解，同时表面活性剂在水中起泡而降低水中复氧速率和充氧程度，使水质变坏，若不经处理直接排入水体，将造成湖泊、河流等水体的富营养化问题；LAS 还能乳化水体中其他的污染物质，增大污染物质的浓度，提高其他污染物质的毒性，而造成间接污染。因此参考国标《污水综合排放标准》二级标准，设置阴离子表面活性剂排放限值

6.2.6　控制要求

（1）直接排放的水污染物重点控制项目

在优先控制单元内的水污染物重点控制项目执行表（23）中 B 类排放限值，在优先控制单元且没有承载力的水污染物重点控制项目执行表（23）中

A 类排放限值,在一般控制单元内的水污染物重点控制项目执行表(23)中 C 类排放限值;在一般控制单元内且没有承载力的水污染物重点控制项目执行表(23)中 B 类排放限值(表 6.7,表 6.8)。

表 6.7 直接排放的水污染物重点控制项目排放限值(单位:mg/L)

序号	污染物或项目名称	A 排放限值	B 排放限值	C 排放限值	污染物排放监测位置	备注
1	色度(稀释倍数)	30	30	30	污水总排口	
2	悬浮物(SS)	10	10	10	污水总排口	调整
3	化学需氧量(COD_{Cr})	40	45	50	污水总排口	调整
4	五日生化需氧量(BOD_5)	8	10	10	污水总排口	调整
5	总氮(以 N 计)	10	10	15	污水总排口	调整
6	氨氮(NH_3-N)	4	6	8	污水总排口	调整
7	总磷(以 P 计)	0.3	0.4	0.5	污水总排口	调整
8	石油类	2	2.5	3	污水总排口	调整
9	挥发酚	0.3	0.3	0.3	污水总排口	
10	硫化物	0.5	0.5	0.5	污水总排口	
11	总氰化物(按 CN^- 计)	0.2	0.2	0.2	污水总排口	
12	氯化物(以 Cl^- 计)	400	400	400	污水总排口	
13	pH	6-9	6-9	6-9	污水总排口	新增
14	粪大肠菌群数(个/L)	3000	3000	3000	污水总排口	新增
15	动植物油	3	3	3	污水总排口	新增

表 6.8 辽河水系控制单元执行的排放标准类别

序号	控制单元名称	主要断面	水质目标	现状水质	排放标准
1	辽河沈阳市三合屯控制控制单元	三合屯	IV	IV	A
2	招苏台河铁岭市控制单元(No.75)	通江口	V	劣V(总磷0.2)	A

续表

序号	控制单元名称	主要断面	水质目标	现状水质	排放标准
3	清河铁岭市清辽控制单元（No.73B）	清辽	IV	IV	A
4	寇河铁岭市控制单元（No.76A）	松树水文站	III	IV（高猛酸盐指数0.1）	A
5	亮子河铁岭市控制单元	亮子河入河口	V	V	A
6	辽河铁岭市控制单元	朱尔山	IV	IV	A
7	拉马河沈阳市控制单元	拉马桥	IV	IV	A
8	辽河马虎山控制单元	马虎山	IV	IV	A
9	辽河沈阳市巨流河大桥控制单元（No.26B）	巨流河大桥	IV	IV	B
10	辽河沈阳市巨流河大桥控制单元（No.26A）	养息牧门	IV	IV	B
11	辽河沈阳红庙子控制单元	红庙子	IV	IV	A
12	辽河鞍山市控制单元	盘锦兴安	IV	V（COD0.1、BOD$_5$0.1）	A
13	柳河沈阳市-阜新市控制单元（22B）	长坨子	IV	——	B
14	柳河沈阳市-阜新市控制单元（22C）	柳河桥	IV	——	B
15	辽河盘锦市曙光大桥控制单元	曙光大桥	IV	V（COD0.2）	A
16	沙子河锦州市控制单元	沟帮子镇	IV	——	B
17	庞家河锦州市控制单元	柳家桥	IV	劣V（总磷1.8）	A
18	绕阳河盘锦市控制单元	胜利塘	IV	V（BOD$_5$0.4）	A
19	辽河盘锦市赵圈河控制单元	赵圈河	IV	V（COD0.1）	A

（2）直接排放的水污染物一般控制项目

直接排放的水污染物一般控制项目包括硼、总钼（按 Mo 计）、总钒、总钴、苯乙烯、乙腈、甲醇、水合肼、丙烯醛、吡啶、二硫化碳、丁基黄原酸盐（表 6.9）。

表 6.9 直接排放的水污染物一般控制项目排放限值（单位：mg/L）

序号	污染物名称	适用范围	排放限值	污染物排放监控位置
1	硼	排污单位	2.0	污水总排口
2	总钼（按 Mo 计）	排污单位	1.5	污水总排口
3	总钒	排污单位	1.0	污水总排口
4	总钴	排污单位	0.5	污水总排口
5	苯乙烯	排污单位	0.2	污水总排口
6	乙腈	排污单位	2.0	污水总排口
7	甲醇	排污单位	3.0	污水总排口
8	水合肼	排污单位	0.2	污水总排口
9	丙烯醛	排污单位	0.5	污水总排口
10	吡啶	排污单位	0.5	污水总排口
11	二硫化碳	排污单位	1.0	污水总排口
12	丁基黄原酸盐	排污单位	0.1	污水总排口

（3）间接排放的水污染物控制项目

间接排放的水污染物控制项目包括：水温、色度（稀释倍数）、悬浮物（SS）、化学需氧量（COD_{cr}）、pH、总氮、氨氮（NH_3-N）、总磷（以 P 计）、动植物油、石油类、挥发酚、阴离子表面活性剂（LAS）、硫化物、总氰化物（按 CN-计）、氯化物（以 Cl-计）、硼、总钼（按 Mo 计）、总钒、乙腈、甲醇、丙烯醛、吡啶、丁基黄原酸盐、苯乙烯、总钴、五日生化需氧量（BOD_5）、二硫化碳、水合肼。

依据辽河水系污染排放特征，对间接排放水污染物控制项目进行了调整，增加了 4 项指标，分别是水温、pH、动植物油和阴离子表面活性剂（表 6.10）。

表 6.10 间接排放水污染物控制项目排放限值（单位：mg/L）

序号	污染物或项目名称	适用范围	排放限值	说明
1	水温	-	40	新增
2	色度（稀释倍数）	-	100	-
3	悬浮物（SS）	-	300	-

续表

序号	污染物或项目名称	适用范围	排放限值	说明
4	化学需氧量（COD_{Cr}）	原油加工及石油制品制造、食品制造业、酒的加工等行业	450	-
		其他排污单位	300	-
5	PH	-	6~9	新增
6	总氮	-	50	-
7	氨氮	-	30	-
8	总磷（以 P 计）	-	5	-
9	动植物油	-	50	新增，屠宰及肉类加工工业水污染物排放标准（征求意见稿）
10	石油类	-	20	-
11	挥发酚	-	2	-
12	阴离子表面活性剂（LAS）	-	15	新增，参考综合排放标准，二级标准
13	硫化物	-	1	-
14	总氰化物（按 CN-计）	-	0.5	-
15	氯化物（以氯离子计）	-	1000	-
16	硼	-	10	-
17	总钼（按 Mo 计）	-	3	-
18	总钒	-	2	-
19	乙腈	-	5	-
20	甲醇	-	15	-
21	丙烯醛	-	3	-
22	吡啶	-	3	-
23	丁基黄原酸盐	-	0.5	-
24	苯乙烯	-	3	-
25	总钴	-	1.0	-
26	五日生化需氧量（BOD_5）	-	250	-
27	二硫化碳	-	4.0	-
28	水合肼	-	0.3	-

第七章 浑太水系污染物排放限制确定示范

7.1 污染负荷核算原则

考虑到大浑太流域中各市的生活污水收集率已经达到较高水平，绝大部分经收集进入污水处理厂，直接排入河流的城市生活污染较少；其次考虑到流域河流众多，单独统计某一条河流的城市生活污水排放量不具有实际可操作性，因此在大浑太流域的污染负荷核算中，以 a.直接进入水体的工业废水、b.各类污水处理厂出水的废水及污染物排放量作为点源污染负荷的核算对象。非点源污染主要来自两类地区：一方面来自农业区县，包括农村生活污染、农村散户养殖的畜禽污染、农田地表径流污染；另一方面则是来自城市地区的城市地表径流污染。浑河非点源的核算对象为：c.农村禽畜散户养殖废水（以下简称畜禽养殖废水）、d.农村生活污水、e.农田地表径流、f.城市降雨径流等四类污染源的污染物排放量及入河量。在大浑太流域的非点源核算过程中不计算非点源废水的入河量，主要基于两点考虑：一是非点源污染物是通过随水体的冲刷作用而进入水体，其废水的排放量及入河量主要来自于自然降雨量；二是非点源污染的废水及污染物排放及入河量并不参与水环境容量的计算过程中，而是仅将其污染物入河量作为河流污染物的本底值进行扣除。

7.1.1 点源负荷核算原则

在环境管理与规划的过程中，点源污染负荷核算对于准确评估区域环境质量和制定合理的污染控制策略至关重要。《全国水环境容量核定技术指南》为点源污染负荷核算提供了重要的指导原则（表 7.1）。

表 7.1 点源污染负荷核算原则

依据	根据《全国水环境容量核定技术指南》
原则	1.在研究获取研究区域的点源污染物排放量数据，工业污染源调查以重点污染源为主；生活污染源则主要通过各类用水、排水、排污等总量和排放强度系数的基础上进行计算

续表

依据	根据《全国水环境容量核定技术指南》
	2.指南中要求将点源的废水和污染物的排放量及入河量计算结果应用于水环境容量正向试算,即必须通过进一步调研这两类点源的入河排污口位置以及入河系数,明确点源排放的具体去向

7.1.2 非点源负荷核算原则

指南对非点源的核算,则是以区县为单位(局部可以结合河流的典型调查),将非点源分为畜禽养殖、农村生活、农田地表径流等污染源分别进行调查,通过调查、分析、类比得到全县(区)的非点源污染物排放总量;在确定各区县非点源排放总量后,以平摊为基本原则,根据各类非点源的影响因素加以修正计算得到各区县的入河量,最终将非点源总量分解到各个控制单元(表 7.2)。

表 7.2 非点源污染负荷核算原则

序号	原则
1	各区县的非点源数据不用于水环境容量计算的模型输入,而是作为总量分配和可以利用的水环境容量确定的基本考虑因素之一
2	非点源污染物的扣除,需在以县为单位进行的非点源污染物调查的基础上,按照河流的汇流面积等,将非点源污染物大致分到各控制单元中,然后将工程措施和管理措施削减后的非点源污染物量,作为河流的本底进行扣除
3	区县统一调查得到排放数据后,根据污染源类型、功能区划水域等情况,对污染排放量进行的合理分摊,其中畜禽养殖、农田径流、农村生活,集中在农村范围的功能区划水域中;城市降雨径流,则集中在城市范围内的功能区划水域中

7.2 污染负荷核算方法

7.2.1 工业来源及污水处理设施污染负荷计算规程

根据辽宁省 2017 年环境统计数据,工业废水的排放方式分为:直接进入江河湖库等水环境、进入城市下水道(再入江河、湖、库)、进入污水处理厂、进入地渗或蒸发地、其他,由此统计计算出 2017 年大浑太流域工业废水各排放方式的污染物排放量。

大浑太流域点源入河量由三部分组成：a.直接排放工业废水；b.进入城市下水道（再入江河、湖、库）工业废水；c.污水处理厂出水。由辽宁省2017年环境统计数据可得到 a 和 b 的污染物排放量，二者即为大浑太流域工业直排废水的排放量；对于 c，则利用辽宁省污水处理厂2017年月监测数据计算出污水处理厂污染物排放量。由于缺乏辽宁省排水管网信息，因此点源的入河系数均取为1，从而计算出 a、b、c 点源的入河量。

7.2.2 畜禽养殖排放量计算规程

$$L_d = (1-\eta) \times \sum_{i=1}^{n} D_i N_i \lambda_i \times 10^{-6}$$

式中：L_d 为畜禽养殖氨氮年排放量（t/a）；D_i 为第 i 种畜禽个体的饲养周期（天）；N_i 为第 i 种畜禽养殖数（头或只）；λ_i 为第 i 种畜禽氨氮产生系数（g/天·头（只））；η 为畜禽养殖废弃物处理和资源化利用率，指畜禽粪便废弃物经肥料化、能源化或饲料化等方式得到利用的百分比。

7.2.3 农村生活排放量计算规程

$$L_e = 365 \times N\alpha \times 10^{-6}$$

式中：L_e 为农村生活污染物年排放量（t/a）；N 为农村人口数量（人）；α 为污染物排放系数（g/人·天）。

7.2.4 农田径流排放量计算规程

（1）化学需氧量与氨氮排放量计算

$$L_f = \sum_{i=1}^{n} L_i A_i$$

式中：A_i 为第 i 种农田的面积（平方千米）；L_i 为化学需氧量或氨氮排放系数（kg/平方千米·a），计算公式如下：

$$L_i = L_F \times \alpha_i$$

式中：L_i 为第 i 种农田径流化学需氧量或氨氮排放系数（t/a）；L_F 为标准农田流化学需氧量。

（2）总氮总磷排放量的计算

$$L_f = \sum_{i=1}^{n} E_i A_i$$

式中：L_f 为农田径流污染物排放量（t/a）；i 为农田类型；A_i 为第 i 种农田化肥施用量（t）；E_i 为第 i 种农田化肥流失系数（%）。

7.2.5 城市降雨径流排放量计算规程

（1）化学需氧量及氨氮排放量核算方法

$$L_g = L_G \times \alpha_g$$

式中：L_g 为农田径流化学需氧量或氨氮排放量（t/a）；L_G 为标准城市降雨径流化学需氧量或氨氮排放量（t/a）；α_g 为城市降雨径流修正系数。

（2）总氮总磷排放量核算方法

根据《全国水环境容量核定技术指南》城市降雨径流总氮总磷排放量计算公式如下：

$$L_e = \sum_{i=1}^{n} L_i A_i$$

式中：A_i 为第 i 种城市建设用地类型的面积（平方千米）；L_i 为总氮总磷年流失量（Kg/Km² · a），计算公式如下：

$$L_i = a_i F_i r_i P$$

式中：a_i 为污染物排放系数（kg/cm·平方千米）；F_i 为人口密度参数系数；P 为年降水量（mm/a）；r_i 为扫街频率参数，由于扫街频率一般均为一天，因此取 $r_i = 1$。

7.2.6 非点源入河量计算规程

首先利用入河系数法计算各区县的非点源污染物入河量，即用非点源污染物年排放量乘以入河系数得到。

入河系数的取值是非点源核算的关键，而各地区的降雨量、地形、河流分布等因素则决定了非点源入河过程，因此需要根据这些因素对入河系数进行修正。采用朱梅等人在海河流域农业非点源污染估算研究中所采用的方法对非点源入河量计算修正，即：在充分调研相关研究非点源入河系数范围的基础上，对比不同地区之间各非点源污染物排放强度，确定大浑太流域不同类型非点源污染物的入河系数。然后利用研究区域的降雨量、地形、区县河道分布情况的差异性，对不同污染源的入河系数进行修正（表 7.3）。

降雨量修正系数。不同的降雨量会因冲刷作用的差异而导致非点源入河量的差异。

地形修正系数。不同地形会影响地表径流的速度而产生非点源入河量的差异。

河道距离修正。与河道距离的远近利用是否有河流流经来表示。

表 7.3 入河系数的修正系数

因素	分类	修正系数
降雨量	400mm 以下	0.7
	400～800 mm	1
	800mm 以上	1.4
地形	平原城市	1
	丘陵城市	1.2
	山地城市	1.5
河道距离	A. 有干流或一级支流流经的县	1.2
	B. 有二级支流流经的县	1
	C. 没有河流流经或只有三级及以下支流流经的县	0.8

7.3 控制单元水体承载负荷

7.3.1 水环境容量计算分析方法

根据全国水环境容量核定技术指南，基于大浑太流域的水系河道宽度深度、污染控制因子以及所掌握的水文水质数据，在空间尺度和时间类型上，大浑太流域适合利用一维稳态模型，开展对化学需氧量、氨氮、总氮、总磷等水质指标的水环境容量计算。

（1）河流模型。河流一维水质模型由计算单元和节点两部分组成，其中节点是指河流上排污口、取水口、干支流汇入口等造成河道流量发生突变的点，水量与污染物在节点前后满足物质平衡规律（忽略混合过程中物质变化的化学和生物影响）；计算单元指河流被节点分成的若干河段，每个计算单元内污染物的自净规律符合一阶反应规律。

在一维稳态模型中，假设从某个排污口进入河流的污染物仅在河流纵向上发生变化，且在水体内的某一断面处或某一区域之外实现均匀混合，其计算公式如下：

$$W = \sum_{i=1}^{n} 31.54 * (C_i * e^{Kx/86.4*u} - C_{i-1}) * (Q_i + Q_j)$$

式中：W 为河流水环境容量（t/a）；C_i 为第 i 个计算单元的目标水质浓度（mg/L）；C_{i-1} 为第 $i-1$ 个计算单元的水质本底浓度（mg/L）；Q_i 为第 i 个计算单元的设计流量（立方米/秒）；u 为河流设计流速（米/秒）；k 为污染物降解系数（1/d）；Q_j 为第 i 节点处点源 j 的废水入河量（立方米/秒）；x 为计算点到第 i 节点的距离（千米）。

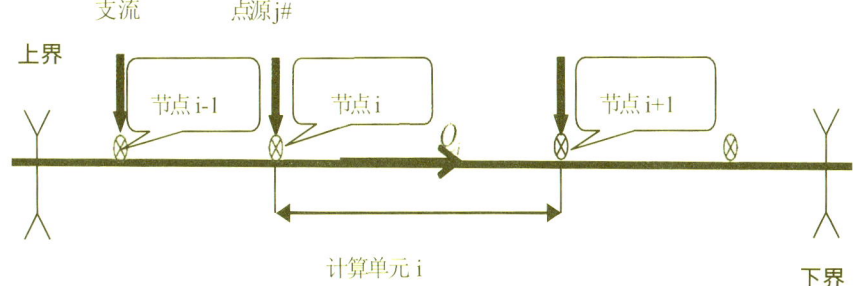

此外大辽河三岔河断面至营口入海口断面河段为平原感潮河段，利用上述河流模型在采用感潮河段的设计水文条件进行水环境容量的计算，具体设计方法见张政对平原感潮河网的相关研究。

（2）湖库模型。当 C 为湖泊功能区要求浓度标准 Cs 时，湖泊水库计算模型为：

$$Wc = 31.54 * (QC + KC_0V/86400)$$

式中：Wc 为湖泊或水库水环境容量（t/a）；Q 为湖库水量平衡时流入（即流出）湖泊的流量（立方米/秒）；C 为进入湖泊的污染物浓度（mg/L）；C_0 为湖泊中污染物浓度（mg/L）；V 为湖库水的体积（立方米）；K 为污染物降解系数（1/d）。

（3）结果校核方法。在水环境容量模型计算的基础上，结合控制单元各河段上下游关系、水质评价和污染源调查结果、混合区范围等因素，进行合理性分析，分析可利用的水环境容量，最终核定出每一个控制单元的水环境容量。

校核方法。对流域内各控制单元的环境容量按照水系和行政区划分别进行校核与调整，协调上下游、左右岸的水环境容量利用关系。

设置安全余量，参考《流域型水污染物排放标准制修订技术导则（征求意见稿)》的原则，对安全余量的设置条件为：以10%水环境容量作为安全余量。

7.3.2 模型设计条件

（1）水域概化。基于《全国水环境容量核定技术指南》，流域的概化方法如下：

河道概化及计算单元划分。一般情况下，在水环境容量的计算过程中为方便利用计算模型对流域水环境容量进行计算，对流域进行概化。第一，将天然的河流、湖泊水库概化成计算水体，其中天然河流概化成顺直河道，非稳态水流可简化为稳态水流等。第二，将简化后的水体进行计算单元的划分，考虑到水环境功能区划河段较短，区划已经考虑到了水体附近的取水点、用水点，因此以大浑太流域的水环境功能区为计算单元，并以水环境功能区上下游界面和水质控制断面作为节点。第三，对流域各控制单元内具有相同水质目标的上下游计算单元进行合并；不同水质目标的计算单元则分别计算。然后对控制单元内各计算单元水环境容量（包括湖库水环境容量）进行汇总计算（此过程仅将点源纳入计算过程，最终才将各控制单元的非点源入河量作为河流的本底进行扣除）。

排污口概化方法。将离河岸较远的或由于信息不全无法确定具体位置的入河排污口，简化成一个集中的排污口，概化方法如下：

$$L = \frac{\sum_{i=1}^{n} Q_i L_i C_i}{\sum_{i=1}^{n} Q_i C_i}$$

式中：L 为概化后的排污口到功能区下游控制断面的距离，千米；Q_i 为第 i 个排污口（支流口）水量，立方米/秒；C_i 为第 i 个排污口（支流口）氨氮浓度，mg/L；L_i 为第 i 个排污口（支流口）到功能区划下断面距离，千米。

特殊情况处理方法（表7.4）。

表7.4 特殊情况处理方法

序号	处理方法
1	对于没有径流量的水环境功能区或河流（即设计流量为零），不进行水环境容量计算，而是将该功能区作为下游功能区划水域的支流进行处理，其水质目标则作为该支流的水质边界条件

续表

序号	处理方法
2	对于饮用水水源一级保护区等不容许排污的高功能水域、水环境容量无法利用的水域，不进行水环境容量的计算
3	对河流中没有划定水功能的中间水域，将其上下游断面的水质目标作为该水域的水质边界条件；当没有功能区划的水域最终汇入一定的功能区划水域，则将该水域作为下游功能区划水域的支流进行分析计算
4	没有进行功能区划的水域，对进入该水域的污染源直接排放去向即为最终汇入作为最终汇入的功能区划水域的支流污染源看待
5	源头水的水质边界浓度均不可取其实测值，严格按功能区划目标水质计算

（2）水文水质参数设计

河流、湖库流量设计。对于河流，水文参数是指河段内的水位、流速和流量等条件；对于湖库，水文参数指湖库的库容和流入流出条件。水文条件的参数设计应根据水体类型、计算污染物类型选择相适应的设计方法和条件。污染物类型。对于常规耗氧类和营养盐类污染物，一般采用近十年最枯月平均流量、90%保证率的最枯月平均流量、30B3（允许平均期30天，重现期3年的枯水设计流量）；针对重金属和特征污染物，如4B3（允许平均期4天，重现期3年的枯水设计流量）。水体类型。在稳态模型中，设计水文条件往往采用枯水时段的流量指标作为设计指标，其中河流一般选择30Q10（近10年最枯月平均流量）作为设计流量条件；而湖库则选择30V10（近10年最枯月平均库容）作为设计库容。采用近10年最枯月平均流量、近10年最枯月平均库容分别作为大浑太流域的河流、湖库的流量设计条件，流域水文数据由辽宁省水利厅提供。

流速及水深设计。采用由John Yagecic开发的软件，使用曼宁方程作为输入来拟合水体平均流速$V=aQ^b$和水深$Depth=cQ^d$的多值和指数值，设计各计算单元的流速、水深。

软件中所需要输入的河流流量、底宽及坡度等基本信息来自辽宁省水文局提供的水文数据；所需要输入的曼宁糙率系数则根据不同河流类型的糙率系数建议值（当河流为蜿蜒曲折类型的天然河道，该系数取n为0.05），并结合相关文献的相关研究，大浑太流域的曼宁糙率系数根据不同河流的河道特征进行取值。

河流、湖库水质降解系数。采用两点示踪法计算水质降解系数。对于河流，选取一个河道顺直、水流稳定、无支流汇入、无入河排污口的河段；对于湖库，选取一个无支流汇入、无入河排污口的水库，以其上游断面（入库断面）和下游断面（出库断面）的总氮、总磷浓度值和水流平均流速（流速利用 John Yagecic 所开发的软件计算而得），按下式计算总氮总磷降解系数。

$$K = 86400 * \frac{u}{\Delta x} \ln(\frac{C_1}{C_2})$$

式中：K 为降解系数（1/d）；u 为河段平均流速（米/秒）；x 为上下游或出入口断面距离（米）；C_1 为上游断面或入库断面污染物浓度（mg/L）；C_2 为下游断面或出库断面污染物浓度（mg/L）。

计算河段选取三个水系中的典型河段，分别为抚顺红升水库出口到双庙子河段、英额河入浑河河口至浑河大伙房入口河段、本溪兰河峪至南太子河观音阁水库入口河段，计算结果取平均值；计算湖库为本溪关山门水库、本溪三道河水库、辽阳汤河水库，计算结果取平均值。河段及水库的基本信息来自《辽宁省水功能区划报告》。基于计算结果，进行系数取值，并结合相关文献研究，取值应遵循：为保证水环境容量在枯水期的安全性，降解系数应尽量取小；不同水体降解系数大小关系一般为河流降解系数一般大于湖库降解系数；不同污染物降解系数大小关系一般为：KCOD > KNH$_3$-N；KTN > KTP；KTN > KNH$_3$-N。

7.3.3 边界设计条件

（1）上游本底浓度。参考上游水环境功能区标准，以流域各河段的上游水功能区的水质目标，取相应的地表水环境质量标准的上限值作为本底浓度（来水浓度）。

（2）目标水质浓度。参考上游水环境功能区标准，以流域各河段的水功能区水质目标，取相应的地表水环境质量标准的上限值作为各河段的本底浓度。

7.4 污染减排份额分配方案

兼顾公平与效率，利用等比例分配法，展开流域内优先控制单元污染物的削减量分配。由于在非点源的污染源排放量及入河量计算过程中已经考虑人口现状、土地利用状况、降雨情况、地形情况等因素，在控制单元的划分过程中也将自然汇水边界、水功能区划作为主要划分因素，故控制单元各类污染物的入河占比情况能够在基于这些考量因素对污染源入河量的影响下，反映该控制单元所在地区主要污染物来源及主要污染物类型。

故以各控制单元各类污染源的污染物入河占比作为分配比例，将控制单元 i 的某种污染物 j 减排量 R_{ij} 逐一分配至该控制单元内的某种污染源 K_{ij}，得到污染源 K_{ij} 在控制单元 i 中污染物 j 的减排量 RK_{ij}（其中 i 代表某一优先控制单元；j 代表污染物氨氮、总氮或总磷；K 代表污染源工业源、污水处理厂、畜禽养殖、农村生活、农田径流或城市降雨径流）。

7.5 排放限值确定

根据各控制单元的水环境容量及污染物减排量，计算各控制单元的污染物允许排放量；然后根据控制单元内各类污染源的污染物入河量占比，分析计算点源的允许排放量，排放限值确定。

利用污染负荷核算结果，分析污染源的排放统计规律，结合污染源允许排放量分配结果，计算得到点源的日均排放浓度限值。

7.5.1 优控单元主要污染物水环境承载力

大浑太流域优控单元主要污染物水环境承载力情况（表7.5）。

表7.5 大浑太流域优控单元主要污染物水环境承载力

序号	控制单元名称	主要断面	水质目标	现状水质	水环境容量（吨/年）			剩余水环境容量（吨/年）			排放标准
					COD	氨氮	总磷	COD	氨氮	总磷	
1	大辽河营口市控制单元	辽河公园	IV	IV	3505.6	714.5	114.6	662.4	398.6	97.1	C
2A	浑河清原段抚顺市控制单元A	北杂木	II	II	3812.5	330.4	62.8	719.9	-27.6	44.2	A
2B	浑河清原段抚顺市控制单元B	小孤家子	II	II							禁止
3A	苏子河抚顺市控制单元A	古楼	II	II	2673	265	34.5	632.3	21.3	21.9	C

续表

序号	控制单元名称	主要断面	水质目标	现状水质	水环境容量（吨/年）			剩余水环境容量（吨/年）			排放标准
					COD	氨氮	总磷	COD	氨氮	总磷	
3B	苏子河抚顺市控制单元 B	红升水库	II	II							禁止排放
4	浑河抚顺市阿及堡控制单元	阿及堡	II	II	511.3	53.4	6.1	104.7	7.4	3.8	C
5A	大伙房库体抚顺市控制单元 A	大伙房水库	II	III	307.5	321.8	162.5	72	293.8	161.1	B
5B	大伙房库体抚顺市控制单元 B	大伙房水库	II	III							禁止
6	浑河抚顺市戈布桥控制单元	戈布桥	IV	IV	1577.2	424.9	66.4	536.7	302.2	56.5	C
7	浑河沈阳市东陵大桥控制单元	东陵大桥	IV	IV	8324.6	481.5	81.1	765.4	76.8	33.7	C
8	蒲河支流沈阳市控制单元	兴国桥	IV	IV	1201.8	293.9	5.6	277.6	220.2	1.3	B
9A	太子河入库口本溪市控制单元 A	北太子河入观音阁水库入口	III	III	1568.9	7167.3	177.1	245.1	7012.7	168.5	B
9B	太子河入库口本溪市控制单元 B	观音阁水库	II	I							禁止排放
10A	太子河干流本溪市控制单元 A	老官砬子	II	II	1044.4	556.9	31.8	463.4	497.4	20.9	C
10B	太子河干流本溪市控制单元 B	小市镇太子河	II	I							禁止排放

续表

序号	控制单元名称	主要断面	水质目标	现状水质	水环境容量（吨/年）			剩余水环境容量（吨/年）			排放标准
					COD	氨氮	总磷	COD	氨氮	总磷	
11	蒲河支流入河口沈阳市控制单元	蒲河沿	V	V	25469	1084.3	91.8	2217.3	-483.9	-205	B
12	浑河沈阳市砂山控制单元	砂山	IV	IV	5135.9	346.9	65.8	452.8	-22.2	27.6	B
13	太子河本溪市兴安控制单元	兴安	IV	IV	1706.6	155.7	32.7	437.7	-92.6	8.5	B
14A	太子河辽阳市控制单元 A	葭窝坝下	IV	IV	10778.2	5409.9	146.8	7707.8	5029.5	126.4	C
14B	太子河辽阳市控制单元 B	南芬区水源	III								禁止排放
14C	太子河辽阳市控制单元 C	引细入汤输水工程细河	II	II							禁止排放
15A	汤和辽阳市控制单元 A	汤河桥	III	IV	8766.1	1245.1	31.7	4496.3	711.7	3.3	B
15B	汤和辽阳市控制单元 B	汤河水库	II	V							禁止排放
16	海城河鞍山市控制单元	牛庄	IV	IV	5865.2	618.6	39.8	-1009.9	-360.2	-42.2	A
17	北沙河沈阳市控制单元	东羊角	V	劣V	5804.6	209	63.9	728.8	-170.5	37.1	B
18	北沙河辽阳市河洪桥控制单元	河洪桥	V	V	2985.3	124.1	24.2	217.8	-197.4	3	B
19	太子河辽阳市下王家控制单元	下王家	IV	IV	3046.2	324.4	73.3	1124.8	140.1	63.7	C

续表

序号	控制单元名称	主要断面	水质目标	现状水质	水环境容量（吨/年）			剩余水环境容量（吨/年）			排放标准
					COD	氨氮	总磷	COD	氨氮	总磷	
20	太子河辽阳市下口子控制单元	下口子	IV	IV	4533	420.7	83.3	1908.1	149.7	48.5	C
21	浑河沈阳市于家房控制单元	于家房	V	劣V	20785.1	1033.1	271.3	1746.6	-1158.7	-123.7	B
22	南沙河鞍山市控制单元	城昂堡大桥	V	劣V	1058.8	49.1	9.6	116.1	-32	2.2	A
23	大辽河盘锦市控制单元	三岔河	V	V	1544.6	141.4	24.1	169.7	-38	14.9	B
24	太子河鞍山市刘家台控制单元	刘家台	V	V	4678.9	305.3	59.8	550.1	-185.6	21.2	B
25	太子河鞍山市小姐庙控制单元	小姐庙	V	V	1388.2	37.4	7.4	1028.2	-9.1	5	B

7.5.2 污水综合排放限值

在重点控制区的水污染物重点控制项目执行表（33）中B类排放限值，在重点控制区且没有剩余水环境容量的水污染物重点控制项目执行表（33）中A类排放限值，在一般控制区内的水污染物重点控制项目执行表（33）中C类排放限值；在一般控制区且没有剩余水环境容量的水污染物重点控制项目执行表（33）中B类排放限值。

水污染物一般控制项目执行表（34）中的规定；间接排放的污水水污染物控制项目执行表（35）中的规定。见表7.6—7.8。

（1）直接排放的水污染物重点控制项目排放限值

表 7.6　直接排放的水污染物重点控制项目排放限值

序号	污染物或项目名称	A 排放限值	B 排放限值	C 排放限值	污染物排放监测位置
1	色度（稀释倍数）	20	25	30	污水总排口
2	悬浮物（SS）	10	15	20	污水总排口
3	化学需氧量（COD_{Cr}）	30	40	50	污水总排口
4	五日生化需氧量（BOD_5）	8	10	10	污水总排口
5	总氮（以 N 计）	10	12	15	污水总排口
6	氨氮（NH_3-N）	2	4	5	污水总排口
7	总磷（以 P 计）	0.3	0.4	0.5	污水总排口
8	动植物油	1	3	5	污水总排口
9	石油类	1	2.5	5	污水总排口
10	挥发酚	0.1	0.3	0.3	污水总排口
11	阴离子表面活性剂（LAS）	1	3	5	污水总排口
12	硫化物	0.3	0.5	0.5	污水总排口
13	总氰化物（按 CN-计）	0.1	0.1	0.2	污水总排口
14	氯化物（以 Cl-计）	300	400	600	污水总排口
15	氟化物（以 F-计）	5	8	10	污水总排口

（2）直接排放水污染物一般控制项目排放限值

表 7.7　直接排放水污染物一般控制项目排放限值

序号	污染物名称	适用范围	排放限值	污染物排放监控位置
1	硼	排污单位	2	污水总排口
2	总钼（按 Mo 计）	排污单位	1.5	污水总排口
3	总钒	排污单位	1	污水总排口
4	总铜	有色金属矿采选业、有色金属冶炼和压延加工业、金属制品业	0.5	污水总排口
		其他排污单位	1	污水总排口

续表

序号	污染物名称	适用范围	排放限值	污染物排放监控位置
5	总锌	有色金属矿采选业、有色金属冶炼和压延加工业、金属制品业、医疗制造业、陶瓷制品制造	0.5	污水总排口
		电池制造工业、橡胶制品工业、无机盐制造	0.5	污水总排口
		其他排污单位	1	污水总排口
6	总锰	黑色金属矿采选业、黑色金属冶炼和压延加工业、金属制品业	1	污水总排口
		其他排污单位	2	污水总排口
7	乙腈	排污单位	2	污水总排口
8	甲醇	排污单位	3	污水总排口
9	丙烯醛	排污单位	0.5	污水总排口
10	吡啶	排污单位	0.5	污水总排口
11	苯胺类	化学原料和化学制品制造业、医药制造业	0.5	污水总排口
		其他排污单位	1	污水总排口
12	苯乙烯	化学原料和化学制品制造业、医药制造业	0.1	污水总排口
		其他排污单位	0.2	污水总排口
13	邻苯二甲酸二丁酯	排污单位	0.2	污水总排口
14	邻苯二甲酸二辛酯	排污单位	0.3	污水总排口
15	硝基苯类	化学原料和化学制品制造业、医药制造业、纺织业	1	污水总排口
		其他排污单位	2	污水总排口

（3）间接排放水污染物控制项目排放限值

表 7.8　间接排放水污染物控制项目排放限值

序号	污染物或项目名称	适用范围	排放限值	污染物排放监控位置
1	水温	排污单位	40	污水总排口
2	色度（稀释倍数）	化学农药制造、酒的制造、皮革、毛皮、羽毛及其制品和制鞋业	70	污水总排口
		排污单位	100	污水总排口
3	悬浮物（SS）	排污单位	300	污水总排口
4	化学需氧量（COD_{Cr}）	原油加工及石油制品制造、食品制造业、酒的加工等行业	500	污水总排口
		其他排污单位	400	污水总排口
5	可生化性指标（BOD_5/COD_{Cr}）	排污单位	不小于 0.3	污水总排口
6	总氮	排污单位	70	污水总排口
7	氨氮	排污单位	40	污水总排口
8	总磷（以 P 计）	排污单位	5	污水总排口
9	动植物油	排污单位	90	污水总排口
10	石油类	橡胶制品业、炼焦	10	污水总排口
		其他排污单位	15	污水总排口
11	挥发酚	排污单位	2	污水总排口
12	阴离子表面活性剂（LAS）	排污单位	15	污水总排口
13	硫化物	排污单位	1	污水总排口
14	总氰化物（按 CN^- 计）	排污单位	0.5	污水总排口
15	氯化物（以 Cl^- 计）	排污单位	2000	污水总排口
16	氟化物（以 F^- 计）	排污单位	20	污水总排口
17	硼	排污单位	10	污水总排口
18	总钼（按 Mo 计）	排污单位	3	污水总排口
19	总钒	排污单位	2	污水总排口

续表

序号	污染物或项目名称	适用范围	排放限值	污染物排放监控位置
20	总铜	排污单位	2	污水总排口
21	总锌	有色金属矿采选业、有色金属冶炼和压延加工业、金属制品业、医疗制造业、陶瓷制品制造	2	污水总排口
		电池制造工业、橡胶制品工业、无机盐制造	3	污水总排口
		其他排污单位	5	污水总排口
22	总锰	黑色金属矿采选业、黑色金属冶炼和压延加工业、金属制品业	2	污水总排口
		其他排污单位	3	污水总排口
23	乙腈	排污单位	5	污水总排口
24	甲醇	排污单位	15	污水总排口
25	丙烯醛	排污单位	3	污水总排口
26	吡啶	排污单位	3	污水总排口
27	丁基黄原酸盐	排污单位	0.5	污水总排口
28	苯胺类	化学原料和化学制品制造业、医药制造业	1	污水总排口
		其他排污单位	2	污水总排口
29	苯系物	排污单位	2.5	污水总排口
30	苯乙烯	排污单位	3	污水总排口
31	硝基苯类	化学原料和化学制品制造业、医药制造业、纺织业	1	污水总排口
		其他排污单位	3	污水总排口

参考文献

[1] 杜鑫, 许东, 付晓, 等. 辽河流域辽宁段水环境演变与流域经济发展的关系[J]. 生态学报, 2015, 35(6): 1955-1960.

[2] 韩茂莉. 辽代西辽河流域气候变化及其环境特征[J]. 地理科学, 2004, 24(5): 55 0-556.

[3] 钱锋, 魏健, 袁哲, 等. 辽河流域水环境治理模式与"十四五"规划思考[J]. 环境工程技术学报, 2020, 10(6): 1022–1028.

[4] Song Y H, Liu R X, Sun Y Y, et al. Waste water treatment and pollution control in the Liao River Basin[J]. Environmental Earth Sciences, 2015, 73: 4875-4880.

[5] YANG Q, CHEN J S, LIU Y Y, et al. Analysis of changes in water quality and treatment effectiveness of seven major river basins in China from 2001 to 2020[J]. Frontiers in Environmental Science, 2024, 12: e588.

[6] Li H, Wang Q. Multi-scale evaluation of river health in Liao River Basin, China[J]. Journal of Hydrology, 2018, 563: 123-135.

[7] LIU R X, TAN R J, LI B, et al. Overview of POPs and heavy metals in Liao River Basin[J]. Environmental Earth Sciences, 2015, 73: 5007-5017.

[8] WANG Y, BIAN J M, ZHAO Y S, et al. Assessment of future climate change impacts on nonpoint source pollution in snowmelt period for a cold area using SWAT[J]. Scientific Reports, 2018, 8: 2402.

[9] ZHANG M X, BAO Y B, XU J, et al. Ecological security evaluation and ecological regulation approach of East-Liao River basin based on ecological function area[J]. Ecological Indicators, 2021, 132: 108255.

[10] Xu S F, Jiang X, Wang L S, et al. Polycyclic aromatic hydrocarbons(PAHs) pollutants in sediments of the Yangtse river and the Liaohe River[J]. Chinese Journal of Environmental Science, 2000, 20(2): 128-131.

[11] Yang M, Ni Y W, Su F, et al. Distribution and sources of polycyclic aromatic hydrocarbons(PAHs) in sediments of Liaohe river, China[J]. Environmental Chemistry, 2007, 26(2): 217-220.

[12] Zhang J, Wang S Q, Xie Y, et al. Distribution and pollution character of heavy metals in the surface sediments of Liao river[J]. Environmental Science, 2008, 29(9): 2413-2418.

[13] 马建华. 2020 年长江流域防洪减灾工作实践及思考[J]. 人民长江, 2020, 51(1 2): 1-7.

[14] 金兴平. 水工程联合调度在2020年长江洪水防御中的作用[J]. 人民长江, 2020, 51(12): 8-14.

[15] 夏军, 陈进. 从防御 2020 年长江洪水看新时代防洪战略[J]. 中国科学: 地球科学, 2021, 51(1): 27-34.

[16] 水利部长江水利委员会. 长江流域综合规划(2012-2030)[Z]. 武汉: 长江出版社, 2012.

[17] 李原园, 黄火键, 李宗礼, 等. 河湖水系连通实践经验与发展趋势[J]. 南水北调与水利科技, 2014, 12(4): 81-85.

[18] 王文昌. 唐宋时期太湖地区水利问题研究[D]. 扬州: 扬州大学, 2011.

[19] 高俊峰, 韩昌来. 太湖地区的圩及其对洪涝的影响[J]. 湖泊科学, 1999(2): 3-5.

[20] 赵健, 富国, 周刚, 等. 流域控制单元水质目标管理技术手册[M]. 北京: 科学出版社, 2021.

[21] 朱雅婷, 陈亚松, 赵云鹏, 等. 城市径流污染负荷估算方法研究进展与适宜性分析[J]. 净水技术, 2024, 43(7): 34-44.

[22] 焦丽宏, 向龙, 穆小玲, 等. 不同设计水文条件下颍河水环境容量计算研究[J]. 三峡大学学报(自然科学版), 2020, 42(3): 19-22.

[23] 张强, 刘巍, 杨霞, 等. 汉江中下游流域污染负荷及水环境容量研究[J]. 人民长江, 2019, 50(2): 79-82.

[24] 葛小平, 许有鹏, 等. GIS 在非点源污染评价中的应用[J]. 水科学进展, 2004, 15(4): 441-444.

[25] 王俊松. 3S 技术支持下基于 SWMM 的城市非点源污染负荷定量化研究[D]. 昆明: 云南师范大学, 2011.

[26] 赵剑强. 城市地表径流污染与控制[M]. 北京: 中国环境科学出版社, 2002.

[27] 陈友媛, 惠二青, 金春姬, 等. 非点源污染负荷的水文估算方法[J]. 环境科学研究, 2003(1): 10-13.

[28] 张倩, 苏保林, 罗运祥, 等. 不同排水体制下城市降雨径流污染负荷核定方法 [J]. 北京师范大学学报(自然科学版), 2012, 48(1): 86-91.

[29] 党连文. 辽河流域水资源综合规划概要[J]. 中国水利, 2011(23): 101-104.

[30] 于成学, 张帅. 基于外部性原理的辽河流域跨省界断面生态补偿与博弈研究 [C]//中国环境科学学会学术年会论文集, 2013: 234-240.

[31] 郑银林, 樊慧静. 辽河流域水资源配置探析[C]//全国水资源配置研讨会论文集, 北京: [出版者不详],2014: 56-62.

[32] 刘立权. 辽河干流输沙水量研究[D]. 北京: 中国水利水电科学研究院, 2013.

[33] 常亮. 基于准市场的跨界流域生态补偿机制研究——以辽河流域为例[D]. 北京: 中国人民大学, 2013.

[34] 杨玲. 西辽河流域作物布局变化及其水分平衡效应[D]. 呼和浩特: 内蒙古农业大学, 2014.

[35] 田蕾. 辽河流域水沙变化及其影响因素定量评估[D]. 北京: 中国科学院大学, 2017.

[36] 于成学. 辽河流域跨省界断面生态补偿共建共享帕累托改进研究[J]. 干旱区资源与环境, 2013(8): 45-50.

[37] 张萌, 张涛, 李政海, 等. 蒙辽农牧交错区生态用水盈亏格局及其动态变化[J]. 内蒙古大学学报(自然科学版), 2022, 53(1): 12-21.

[38] 李忠国, 宋永会. 辽河保护区治理与保护"十二五"规划[M]. 北京: 中国环境科学出版社, 2013.

[39] 沙德纯. 辽河保护区生态封育及恢复效果分析[J]. 新农业, 2017(19): 38-40.

[40] 王中博, 张帅, 刘淼, 等. 浅谈辽河保护区生态修复效果[C]//2016第八届全国河湖治理与水生态文明发展论坛论文集. 北京: 中国水利技术信息中心, 2016: 302-305.

[41] 何俊仕, 贾福元. 辽河流域水资源承载能力研究[M]. 北京: 中国水利水电出版社, 2013.

[42] 孔维静, 张远, 侯利萍, 等. 辽河流域水生态功能区[M]. 北京: 科学出版社, 2018.

[43] 赵阳国, 白洁, 高会旺. 辽河口湿地生态修复理论与方法[M]. 青岛: 中国海洋出版社, 2016.

[44] 辽河保护区水质时空分布特征及其影响因素[J]. 环境工程学报, 2020, 10(4): 1-10.

[45] 辽河保护区水生态监测指标体系构建的研究[J]. 环境科学与管理, 2010, 35(8): 1-5.

[46] 裴淑玮, 周俊丽, 刘征涛. 辽河流域盘锦段水质污染状况简析[J]. 环境科学与技术, 2013, 36(S2): 56-60.

[47] 雷付春. 辽宁省污染物入河量控制研究[J]. 水利规划与设计, 2016(11): 56-59.

[48] 张旋, 王启山, 于淼, 等. 多元统计分析技术在水质监测中的应用[J]. 中国给水排水, 2010, 26(11): 120-126.

[49] 谢轶. 辽宁省河流水质现状及近5年变化趋势与分析[J]. 科技资讯, 2020, 18(2): 82-83.

[50] 齐星宇. 辽河上游面源污染负荷估算及评价[D]. 沈阳: 辽宁大学, 2019.

[51] Li X, Wang Y. Analysis of spatial distribution and source apportionment of pollutants in Daliao River Basin based on control unit division[J]. Environmental Science and Pollution Research, 2021, 28(35): 48976-48988.

[52] 李法云, 范志平, 张博, 等. 辽河流域水生态功能一级分区指标体系与技术方法[J]. 气象与环境学报, 2012, 28(5): 83-89.

[53] 刘岚昕, 朱悦. 辽河流域典型控制单元水环境承载力评估与预警[J]. 气象与环境学报, 2023, 39(2): 132-136,144.

[54] 中国环境科学研究院环境基准与风险评估国家重点实验室. 辽河流域水污染治理和水环境管理技术体系构建——国家重大水专项在辽河流域的探索与实践 [J]. 中国工程科学, 2013, 15(3): 4-10.

[55] 王俭, 韩婧男, 王蕾, 等. 基于水生态功能分区的辽河流域控制单元划分[J]. 气象与环境学报, 2013, 29(3): 1-6.

[56] 宋永会, 魏民, 历延松, 等. 辽河流域水污染防治"十二五"规划研究[M]. 北京: 中国环境科学出版社, 2015.

[57] 高艳妮, 杨彩云, 冯朝阳, 等. 辽河保护区退耕封育措施消减污染物入河量估算[J]. 环境工程技术学报, 2020, 10(4): 539-544.

[58] 基于MIKE11 Ecolab的常州平原河网水质模型构建研究[C]//2017中国环境科学学会科学与技术年会论文集. 北京: 中国环境科学出版社, 2017: 234-240.

[59] 基于 MIKE11 的汉江上游洪水演进规律研究[J]. 水利水电技术, 2024, 55(3): 45-52.

[60] 张强, 刘巍. 基于 MIKE11 模型提高污染河流水质改善效果的方法[J]. 环境工程学报, 2017, 15(6): 1234-1240.

[61] 王赫. 辽宁省辽河流域水质污染特征分析[J]. 环境科学与管理, 2016, 41(5): 51-54.

[62] 范志平, 王琼, 孙学凯, 等. 辽河流域湿地水质污染特征及净化效果实证评估 [J]. 环境工程技术学报, 2020, 10(6): 1050-1056.

[63] 马溪平,吕晓飞,张利红,徐成斌,张博. 辽河流域水质现状评价及其污染源解析 [J]. 水资源保护,2011,27(4):1-4.

[64] 辽宁省辽河流域水生态完整性恢复的实践与启示[J]. 环境科学与管理, 2020, 45(5): 1-10.

[65] 张媛媛, 刘建卫, 田晶, 等. 辽东湾北部河流氮磷入海通量及污染源解析[J]. 水资源与水工程学报, 2024, 35(4): 29-37.

[66] 刘艺, 张郑贤, 张锋贤, 等. 近 15 年山东省水环境污染与经济发展关系研究[J]. 中国水利水电科学研究院学报, 2019(6): 414-422.

[67] 邓嘉辉, 王权明, 谢成磊. 陆海统筹的总氮污染治理研究进展及对策建议[J]. 海洋环境科学, 2024, 43(5): 664-671.

[68] 付意成, 臧文斌, 董飞, 付敏, 张剑. 基于 SWAT 模型的浑太河流域农业面源污染物产生量估算[J]. 农业工程学报, 2016, 32(8): 1-8.